ESSAI

SUR L'ÉQUILIBRE

DES

DEMI-FLUIDES A FROTTEMENT.

IMPRIMERIE DE BACHELIER,
rue du Jardinet, 12.

ESSAI
SUR L'ÉQUILIBRE

DES

DEMI-FLUIDES A FROTTEMENT,

ET

APPLICATION A LA STABILITÉ DES REVÊTEMENS,

PARTICULIÈREMENT DES REVÊTEMENS MILITAIRES;

PAR UN OFFICIER DU GÉNIE.

L'abstraction et le calcul sont pour la physique ce que l'esprit philosophique est pour l'entendement humain, ce que la conscience est pour le cœur.

PARIS,

| BACHELIER, | CARILIAN-GOEURY, |
| QUAI DES AUGUSTINS, N° 55. | QUAI DES AUGUSTINS, N° 41. |

AOUT **1839**.

AVANT-PROPOS ET RÉSUMÉ GÉNÉRAL.

Quand une masse de sable ou de terre est appuyée contre
un revêtement, on peut l'imaginer remplacée par un fluide
abstrait jouissant de propriétés semblables, mais plus tran-
chées et mieux définies, et capable d'exercer une poussée
évidemment plus considérable. On calcule alors des limites
supérieures d'épaisseur du revêtement, sans être obligé d'emprunter à l'expérience d'autres données que celles qui sont
d'une facile détermination, comme la densité. Si ce fluide
hypothétique est un liquide parfait de même poids que la
terre, les limites qu'on déduira des formules de l'hydrostatique seront généralement trop fortes pour être livrées à l'application, mais elles présenteront une stabilité que les esprits
les plus ennemis de l'abstraction ne sauraient contester, quoi-
qu'elles soient les produits d'une théorie à laquelle l'expérience
ne sert que de vérification. Or il y a des fluides imparfaits
capables de fournir des résultats tout aussi certains, basés sur
des principes analogues à ceux de l'hydrostatique et beaucoup
plus rapprochés de la vérité que les premiers. Ces résultats
sont aussi des limites supérieures, ce qui doit suffire pour les
faire adopter avec la même confiance ; car du moment que l'on

est sûr de la stabilité d'un corps, ajouter à sa masse n'ajoute
rien à cette certitude et ne peut servir qu'à se prémunir contre
des accidens dont il ne saurait être question dans une théorie
mathématique. Parmi ces demi-fluides-théoriques capables
de nous conduire à la certitude, les plus simples sont ceux où
le frottement, le frottement seul, concourt à l'équilibre des
molécules et qui sont d'ailleurs supposés incompressibles
comme l'eau. Le phénomène de leur éboulement et de leur
surface d'équilibre se formant suivant un plan qui va en
s'abaissant jusque vers une limite d'inclinaison connue, à
mesure que la masse s'élève ou se dépouille de toute cohésion,
sont des notions certaines et qui suffisent à l'établissement
d'une théorie mathématique; elles suffisent du moins quand la
masse est indéfinie et n'a d'autre limite que son talus naturel.
Alors chaque molécule est dans un état qu'on peut qualifier
d'instable dans toutes les directions, parce l'addition de la plus
petite pression produirait le déplacement et le transport de la
surface d'équilibre, parallèlement à elle-même, pourvu que
cette pression agît dans un sens compatible avec ce mouvement. Tel n'est pas l'état de la même masse quand sa surface
libre diffère du talus naturel. Son équilibre nécessairement
instable par rapport au plan qui la soutient, parce que la
réaction ne peut qu'égaler l'action, ne l'est pas par rapport à
une portion quelconque de surface libre, qui n'éprouvera pas
le plus petit déplacement par l'addition de tout poids inférieur
à celui d'une charge de demi-fluide infiniment élevée suivant
le talus naturel.

Ce rapprochement suffit pour faire comprendre la différence
des deux équilibres instable et stable d'un demi-fluide,
quoique ces dénominations, je le reconnais, n'offrent pas une
précision parfaite. Dans le premier, le frottement acquiert
toute sa valeur sur toutes les faces d'une même molécule ou
sur tous les plans qui lui sont tangens, tandis que dans le
second le frottement n'acquiert toute sa valeur que sur un
seul de ces plans, ce qui n'empêche pas le mouvement d'être

sur le point de s'effectuer, et par conséquent l'instabilité d'exister, mais dans un sens seulement. Ainsi, dans les demi-fluides, la surface libre peut avoir une infinité de formes et de directions; chacune d'elles constitue la masse dans un état particulier, mais celle-ci ne saurait s'élever au-dessus d'une certaine limite, qui est le plan du talus naturel, et qui constitue chaque molécule en état d'équilibre instable dans toutes les directions. Parvenue à cette limite, la masse indéfinie représente parfaitement un liquide dont la surface libre, au lieu d'être de niveau, serait inclinée. Il y a alors une analogie frappante entre les liquides et les demi-fluides sans cohésion, mais à frottement. Cette analogie existe déjà dans l'égalité du frottement tout autour de chaque molécule, et s'il est nul dans un fluide parfait, il est un maximum dans le fluide imparfait; elle est de plus dans la valeur de la pression sur un élément quelconque, pression qui est indépendante de la direction de l'élément et se trouve proportionnelle à sa distance à la surface d'équilibre, à la densité du fluide et au sinus de l'angle du talus naturel avec la verticale.

Ces résultats, auxquels personne n'avait été conduit jusqu'à présent, paraîtront peut-être intéressans; ils offrent de plus quelque utilité; car je les ai appliqués aux revêtemens, et il me semble que la véritable stabilité à donner à un ouvrage revêtu consiste à le mettre dans le même état que s'il était soutenu par un talus naturel, par conséquent à le mettre à l'épreuve d'une charge infinie de terre élevée suivant ce talus; ce qui résout en même temps le problème de donner à un ouvrage en partie revêtu, en partie à terres coulantes, la même stabilité dans toute sa hauteur, ou encore la même stabilité à tous les ouvrages revêtus ou non revêtus d'une même place forte, où je ne suppose qu'une seule nature de terres.

Au reste, l'égalité de pression dans tous les sens à l'intérieur de la masse en équilibre instable est moins un résultat inattendu qu'une vérification. Si elle est évidente dans les fluides parfaits, parce que la mobilité parfaite de leurs molécules empêche de concevoir que quelques-unes soient plus pressées que d'autres, elle doit encore exister dans un fluide et sur des directions où chaque molécule est retenue par un même frottement et également retardée dans le mouvement qu'elle tend à prendre.

Les lois de l'équilibre de la masse instable conduisent à des épaisseurs de revêtement à l'abri de toute objection. Mais si l'on veut des limites plus rapprochées encore de la vérité, il faut emprunter à l'expérience une constante de plus ; il faut entrer dans l'étude particulière de chaque espèce de sable ou de terre, et sortir enfin de l'abstraction dont je préférerais à dessein ne pas me départir, puisque, par elle, on se tient au-dessus de tous les cas possibles. Quelque difficulté qu'il y ait à déterminer cette constante, la masse en équilibre stable est intéressante à étudier.

J'indiquerai la manière dont je conçois le frottement dans une pareille masse, et en général dans tous les corps susceptibles de se diviser. Le coefficient qui exprime son rapport avec la pression varie suivant les directions, et pour que l'équilibre soit près d'être rompu et la masse constituée dans un état accessible aux équations, il suffit et il faut que le frottement atteigne en chaque point son maximum sur une seule direction, qui peut varier elle-même d'une molécule à l'autre. J'invoquerai un axiome bien connu, qui se traduit ainsi dans la question présente : tous les prismes-fluides construits sur un même revêtement et supposés solidifiés, exercent nécessairement sur lui la même pression. En général dans les corps fragiles frottement, cohésion, flexion, doivent se disposer de manière à satisfaire à cet axiome, dont il est facile de déduire les lois de l'hydrostatique.

De là naît une équation qui représente la courbe des frottemens tout autour d'un même point, mais qui renferme encore une indéterminée, savoir : le frottement dans une direction particulière autre que celle qui est parallèle au plan de la surface libre (je la suppose plane) : c'est là ce qui reste à déterminer par l'expérience. On conçoit *à priori* qu'il en doit être ainsi ; car l'équation des frottemens n'est pas une loi, elle n'a rien qui soit particulier à cette espèce de résistance, et il est évident qu'il doit exister un principe régissant l'ensemble des frottemens autour d'un même point. Ce principe, cette loi constitutive des demi-fluides nous est inconnue, mais l'analyse la donnera peut-être un jour mieux que l'expérience.

La variation dans les frottemens est l'idée mère de notre théorie sur l'éboulement ; elle n'est que la substitution de ce qui est de fait à la méthode du prisme de plus grande poussée, qui n'est vraie qu'en faisant l'assimilation d'un prisme solidifié à un prisme solide *à priori,* quoique ces deux espèces de prismes soient fort différentes par le sens et l'intensité de leurs frottemens. Cette méthode des prismes de plus grande poussée, que Coulomb a généralisée et étendue à l'équilibre de tous les corps fragiles, ne me paraît propre ici qu'à donner une approximation inférieure. Avoir déterminé le solide qui presserait le plus dans des circonstances qui ont quelque parité avec ce qui se passe dans le demi-fluide, c'est avoir résolu un problème qui n'est pas tout-à-fait celui qui est donné. On doit faire usage des maxima et minima, mais il faut les subordonner à l'axiome de l'égalité de toutes les poussées sur une même surface, quelles que soient la forme et l'étendue des portions solidifiées. Ainsi, ce sont les frottemens qu'il faut considérer comme variables et non les poussées ; c'est le frottement et non la poussée qui devient un maximum.

Toutes ces nuances, que je m'attacherai plusieurs fois à faire ressortir, et qui ne sont sans doute qu'un jeu pour les géomètres, ne sont pas uniquement dans les mots, mais dans les principes mêmes : la preuve en est dans la production de cet écrit tout entier. On sait d'ailleurs qu'en physique on trouve avantage et fécondité à être dans le vrai, alors même que les phénomènes pourraient être représentés autrement. Le problème des terres en offre un exemple de plus.

J'ai traité dans une note la question des revêtemens du

— 6 —

moindre profil pour le cas d'une masse en équilibre instable, mais les calculs sont inexécutables.

Quoique ce Mémoire, tout élémentaire dans ses calculs, puisse être compris sans le secours d'aucun traité sur la matière, cependant pour justifier le ton de discussion qui y règne, je renvoie spécialement au mémoire de Coulomb (*Théorie des machines simples*, imprimée en 1821); puis à la *Mécanique philosophique* de Prony; à l'article *Digue* de l'Encyclopédie mathématique; à la *Science des ingénieurs*, de Bélidor, où l'on trouvera le *Profil de Vauban;* au *Traité de la poussée des terres*, de Mayniel; à l'*Art de bâtir*, de Rondelet, tome IV, édition de 1830; au Mémoire de M. Français, *Mémorial de l'officier du génie,* n° 4; aux Leçons de MM. Navier et Persy aux Écoles des ponts-et-chaussées, et du génie et de l'artillerie; aux Notes de M. le colonel du génie Audoy, dans le Mémorial, n° II; et enfin au *Recueil des tables et des formules pratiques,* publiées en 1838, par M. le capitaine d'artillerie Morin.

L'observation qu'une charge de terre infiniment élevée n'exerce pas latéralement une poussée infinie a été faite avant moi. M. Audoy l'a fait pressentir dans les notes auxquelles je viens de renvoyer, et M. Poncelet, dans un travail encore inédit, mais dont les résultats sont consignés en partie dans l'ouvrage du capitaine Morin, l'a prouvé par le calcul même de la limite qu'atteint l'épaisseur; toutefois c'est en suivant les hypothèses de Coulomb, les seules usitées jusqu'ici. Dans ces hypothèses, M. Poncelet a calculé une table de demi-revêtemens où la hauteur de charge entre comme variable. Or, le dernier terme de cette table, celui qui correspond à une hauteur infinie des terres, a une valeur finie donnée par une équation du troisième degré, qui est la réduction de l'équation du sixième à laquelle conduisent les formules de M. Audoy quand les terres recouvrent en partie le revêtement. M. Poncelet, après l'avoir déterminé, l'a présenté au Comité des fortifications comme pouvant être quelquefois utile. Je pense qu'il serait injuste de voir tout notre travail dans cette seule limite, dernier terme d'une table dont le calcul est fondé sur une appréciation du problème que nous croyons erronée. Le but de M. Poncelet n'a point été de remonter aux fondemens de la théorie des terres, mais de l'appliquer, telle qu'elle a été enseignée jusqu'ici, aux demi-revêtemens. Or, dans cette théorie même, on ne peut supposer plane la surface qui détermine le solide de plus grande poussée qu'autant que la surface libre supérieure est elle-même un plan unique; si celle-ci se compose de plusieurs plans, ou si elle est courbe, celle-là cesse d'être plane, et il y a erreur sensible à la supposer telle, comme l'ont fait MM. Audoy et Poncelet. Tous deux ont encore suivi l'idée émise par Coulomb, que les prismes tendent à glisser en tombant le long du parement intérieur du revêtement, en sorte que, suivant lui et suivant tous ceux qui ont traité cette question depuis lui, le frottement tire toujours chaque prisme sur ses deux faces en sens inverse de la pesanteur et avec toute son intensité; et c'est alors faire une hypothèse favorable à la stabilité que de considérer, dans le calcul de la poussée, le frottement sur le revêtement comme nul. Mais je ferai voir qu'une tranche de fluide, triangulaire, finie ou infiniment petite, entraînée latéralement par une face et retenue par l'autre, ne peut jamais être soumise qu'à des frottemens de signe contraire sur ses deux faces; que les supposer égaux dans le prisme dit de plus grande poussée, c'est admettre que ce prisme n'est qu'un corps solide, non divisible par tranches; c'est admettre que la fluidité ne commence qu'à la surface de rupture, c'est-à-dire que la masse est solide contre le revêtement et fluide plus loin; c'est constituer cette masse dans un état qui ne peut se produire que par irrégularité, qui n'est point précis et n'a rien de mathématique.

Quand un liquide ou un demi-fluide s'appuie sur un revêtement, si l'on change la masse de ce dernier, son axe de rotation ou la nature du sol sur lequel il peut glisser, on ne saurait penser que l'état du fluide en sera altéré tant que l'équilibre subsistera ; sans doute que si l'on allait jusqu'à rompre l'équilibre, il se passerait dans la première tranche fluide quelque chose de difficile à analyser, et le revêtement tournant en glissant tout d'une pièce frotterait contre elle. Mais ce mouvement virtuel ne peut étendre son influence à la masse entière, ni en changer la poussée, et il ne doit être pris en considération que dans l'équilibre du revêtement, question qu'il faut bien séparer de la recherche des pressions et des lois de frottement dans le fluide. Si le revêtement n'est pas hors de son aplomb, il n'est susceptible que de réaction, et il est pour le fluide comme si sa résistance était indéfinie, ou plutôt comme s'il ne pouvait céder qu'en se désunissant dans toutes ses parties, c'est ce que nous supposerons toujours, excepté quand il s'agira de son équilibre propre.

Il nous semble donc qu'en négligeant le frottement sur le revêtement on a négligé une circonstance capitale du problème : car pourquoi le compter sur l'une des faces et pas sur l'autre ? et en estimant dans le calcul de la poussée le frottement comme une force qui tire en sens inverse de la pesanteur chaque prisme sur ses deux faces, on est resté en-deçà de la vérité, parce que l'on est resté dans l'équilibre des coins solides, et l'on n'a trouvé qu'une première approximation, dont le défaut est d'être inférieure.

J'essaierai d'être plus fidèle à la demi-fluidité des terres ; mais il faut bien rappeler à ceux qui s'occupent peu de ces sortes de matières, que si, suivant l'expression de Pascal, la plus haute métaphysique se trouve à la première page des sciences mathématiques, la même profondeur et les mêmes difficultés se retrouvent à la dernière, quand, sans quitter le fil d'une logique rigoureuse, on veut passer des abstractions de la géométrie et de la mécanique, aux corps tels que la nature nous les donne. Ce sont toujours les mêmes efforts à faire pour saisir le lien qui unit la matière avec la pensée.

Redire ces difficultés n'est pas annoncer qu'on les a toutes vaincues. Bien loin de là, les plus grandes, celles par où la question est vraiment intéressante pour les géomètres, subsistent toujours. Nous supposons les sables incompressibles, et ils ne le sont pas. Nous les considérons comme formant un tout continu sans pores ni interstices, et cette hypothèse, déjà inexacte dans les fluides parfaits, quoique ne changeant point les relations qui doivent exister entre les forces extérieures pour l'équilibre (*voy.* le Mémoire de M. Poisson, lu à l'Académie des Sciences, le 12 octobre 1829) l'est à plus forte raison dans les sables où les interstices ont pour ainsi dire une grandeur appréciable, de laquelle naît une compressibilité sensible. Nous sommes donc obligés de rester retranchés dans la supposition d'un fluide mathématique continu, incompressible, et capable par là d'une plus grande poussée. Toutefois nous sommes sûrs d'obtenir une approximation suffisante. C'est aux analystes à aller plus loin, et ce que je désire surtout en publiant cet essai, c'est d'appeler la controverse sur un sujet qui intéresse l'art de l'ingénieur, cet art dont les moindres détails sont ennoblis à la fois par la science et la défense du pays.

Je n'ai entrepris ces recherches que dans un but militaire; je ne crois pas qu'on ait dépassé ce but par cela seul qu'on a fait quelques calculs et raisonné sur des abstractions; mais peut-être le serait-il si l'on poursuivait une plus grande approximation. Il y a dans notre service un certain milieu à prendre, qui n'exclut nullement la rigueur de méthode à laquelle j'essaie de ramener la théorie de la stabilité des revêtemens, et qui exclut peut-être le calcul de petites inégalités destinées à corriger le résultat principal.

Mais vouloir proscrire toute théorie, professer un goût exclusif pour les faits et s'arrêter devant la moindre conséquence, c'est se faire les disciples d'une philosophie assurément fort commode, mais barbare, et non moins condamnable que la prétention qu'on a eue autrefois de découvrir *à priori* et sans l'observation les lois du monde matériel; l'un et l'autre excès sont en dehors de la vraie philosophie expérimentale, si illustrée par Newton. L'observation ne doit avoir pour but que d'établir de la manière la plus parfaite possible les faits qui sont causes et nullement ceux qui sont effets, à moins que ce ne soit pour en déduire les premiers. Dans la théorie des terres, le fait fondamental est la faculté qu'elles ont de se soutenir suivant le talus naturel : joignez-y la mesure de leur compressibilité, et tout le reste ne doit plus être qu'un travail d'analyse et de calcul. Si les physiciens et les géomètres avaient compris l'expérience comme l'entendent quelques personnes, la physique et l'astronomie ne seraient que des recueils, des assemblages monstrueux de faits manquant de lien et paraissant se contredire les uns les autres.

Le Capitaine du Génie,

DE GARIDEL.

ESSAI

SUR L'ÉQUILIBRE

DES

DEMI-FLUIDES A FROTTEMENT,

ET

APPLICATION A LA STABILITÉ DES REVÊTEMENS,

PARTICULIÈREMENT DES REVÈTEMENS MILITAIRES.

§ I. *Considérations sur le profil de Vauban et la méthode de Coulomb.—Propositions qui établissent la théorie mathématique de l'éboulement.*

1. Tel est le développement des escarpes et contre-escarpes de la plus petite place forte, que la moindre économie faite dans leur profil en apporte une sensible dans la totalité de l'ouvrage ; à plus forte raison cette économie se fait-elle sentir quand il s'agit d'une grande place à créer tout d'une pièce. Là un mètre de plus ou de moins dans la hauteur ou dans l'épaisseur peut influer sur l'admission ou le rejet du projet entier par ceux qui ne mesurent les choses qu'à ce qu'elles coûtent. Jamais à aucune époque les questions militaires ne furent davantage des questions d'économie, jamais il ne fut plus nécessaire de rendre les fortifications moins chères ; aussi des hommes judicieux ont-ils été jusqu'à dire qu'il ne fallait pas craindre de s'exposer à voir quelques revêtemens s'écrouler, si ce n'était qu'en courant parfois ce danger qu'on pourrait apprendre à réaliser de grandes économies sur l'ensemble de toutes les places de France. Le moyen pourrait devenir ruineux à son tour ; mais il faut conclure que cette question d'un peu plus ou d'un peu moins de maçonnerie, qui est quelquefois puérile, mérite ici d'être approfondie par tous les moyens possibles, même par ceux que nous offre la science.

Du profil de Vauban. Le profil bien connu de Vauban n'est qu'une règle empirique qui doit être assez exacte pour les revêtemens les plus généralement usités, parce que c'est principalement pour eux qu'elle a été faite, mais qui devient absurde quand on l'applique à ceux qui sont peu élevés et chargés de beaucoup de terre. Elle consiste à calculer un revêtement, comme s'il devait avoir toute la hauteur du remblai à soutenir, moins deux mètres environ. Or, en l'appliquant à un demi-revêtement d'une hauteur nulle ou presque nulle, on trouverait une épaisseur qui deviendrait énorme à mesure que la charge de terre augmenterait, tandis que presque rien, un grain de sable au pied d'un talus naturel, fait équilibre aux terres, quelque élevées qu'elles soient. L'objection ne porte pas sur des cas purement hypothétiques, car nous faisons, dans nos projets du moins, beaucoup d'ouvrages en terre à talus extérieur fort étendu et terminé par une escarpe de 4 à 5 mètres de hauteur. Nous n'en sommes pas

d'ailleurs à suivre aveuglément la maxime : « Le maître
» l'a dit. » Elle serait injurieuse pour notre siècle, et
pour nous à qui la paix laisse le temps et crée le de-
voir de tout analyser, comme elle l'eût été jadis pour
Vauban lui-même, qui est un des hommes qui ont le
plus innové.

2. Coulomb a le premier donné une théorie de la Sur la théorie
de Coulomb.
poussée des terres, basée sur les principes de la sta-
tique, mais non pas, comme je le prouverai, sur un
état bien précis et bien défini des masses qu'il sou-
mettait au calcul. Tous les officiers du génie connais-
sent sa méthode, qui consiste à déterminer, dans le
remblai qui tend à s'ébouler, le prisme solide qui
pousse le plus, en le supposant glisser sur un plan
incliné solide. L'angle de ce prisme, si la masse est
limitée supérieurement à un plan horizontal qui
s'appuie sur le cordon du revêtement, se trouve par
un beau théorème que **M.** de Prony a substitué aux
formules de Coulomb ; toutefois ce théorème suppose
qu'on néglige le frottement contre le revêtement, c'est-
à-dire une des principales circonstances du problème,
car il y a parité entre les deux faces antérieure et posté-
rieure d'un même prisme triangulaire. Naturellement
le prisme de plus grande poussée diffère du prisme
d'éboulement, et il est évident que, cette théorie serait-
elle parfaitement exacte, jamais l'expérience ne
vérifierait l'existence et la formation du premier
prisme dans l'intérieur du second ; car il faudrait
que la terre, obéissante et attentive à suivre toutes
les phases de nos raisonnemens, se solidifiât d'elle-
même au-dessous du prisme de plus grande poussée,

pour qu'il parût se détacher seul sans être suivi de tout ce qui tend à s'ébouler et qu'il laisserait sans soutien. Ce n'est donc que parce que la cohésion peut souvent n'être vaincue complétement qu'avec le temps, que l'éboulement n'est que successif; mais les talus que l'on observe se formant très près de la verticale au-dessus du talus naturel, ne sont pas des sections de plus grande poussée, ce sont les faces intérieures de prismes d'éboulement, dont l'angle varie à mesure que la cohésion s'altère et s'anéantit. La considération du prisme de plus grande poussée n'est donc qu'un moyen abstrait de solution; l'expérience ne donne que des prismes éboulés, des pressions exprimées en poids, ou des épaisseurs de revêtement qui ont résisté à ces pressions; on ne saurait lui faire dire davantage.

3. Au reste, si les terres ont été étudiées jusqu'ici dans cet état de cohérence voisin de l'état solide où c'est par blocs qu'elles poussent ou se détachent, on doit plutôt les concevoir comme dénuées de cohésion et très voisines de l'état liquide, et alors leur éboulement ressemble plus ou moins à l'affaissement d'un liquide renfermé dans un vase dont on vient à briser subitement une large paroi. Ce n'est pas assez faire en faveur de la fluidité que de substituer *zéro* pour le chiffre de la cohésion dans des équations beaucoup trop empreintes de la supposition d'un état solide.

Personne n'a encore mis en équilibre un demi-fluide en remontant à sa constitution et à la manière dont les pressions s'y transmettent en s'affaiblissant par le frottement. Si l'on veut bien se reporter aux conditions métaphysiques qui dominent la théorie de

Coulomb, on verra qu'on a éludé cette difficulté et qu'on a dit : « Si la masse est en équilibre, elle y sera à » plus forte raison quand, la divisant en deux parties » par un plan quelconque, on imaginera ces deux » parties solidifiées séparément, et qu'on appliquera » à la partie supérieure les équations d'équilibre d'un » solide reposant sur deux plans inclinés ou sur un » seul (suivant qu'on fera intervenir ou qu'on négli- » gera le revêtement), plans qu'on ne supposera » susceptibles que de réaction. »

On a posé ainsi des conditions nécessaires à remplir, mais qui n'ont nullement le caractère des équations d'équilibre du demi-fluide. La surface de séparation des deux parties solidifiées peut d'ailleurs être quelconque, plane ou courbe, on n'obtiendra jamais que des conditions insuffisantes et une approximation inférieure dans les résultats, si l'on a altéré le sens ou l'intensité des frottemens en passant de l'équilibre des fluides à celui des solides.

Il y a une notable différence entre un prisme solide *à priori*, agissant à la manière d'un coin entre deux plans inertes, et un prisme fluide solidifié par une opération de notre esprit seulement et conservant par conséquent le même entourage, si je puis m'exprimer ainsi, qu'il avait dans la masse fluide. Ainsi, la puissance qui s'exerce sur lui et qui est indépendante de son poids est une poussée latérale qui vient de la charge qui existe de l'autre côté du prisme, et ce n'est pas toujours une simple réaction. On conçoit qu'il y ait des prismes que cette puissance tende à soulever, et par conséquent qu'un frottement puisse naître sur le revêtement, précisément en sens inverse de ce qu'il serait si les prismes n'étaient soumis qu'à leur propre poids. Certainement ceci ne s'applique pas au prisme entier d'éboulement qui n'éprouve qu'une réaction de la part du talus naturel, mais cela s'adresse à des prismes d'un angle beaucoup plus petit; or il suffit qu'un seul soit tel, que son poids ne puisse faire équilibre à la poussée latérale, pour qu'on doive conclure que le frottement de la masse fluide sur le revêtement tire cette masse dans le sens de la pesanteur.

Non-seulement cela peut être, mais la notion commune du frottement, toute imparfaite qu'elle est, suffit pour prouver que cela est. Sans doute qu'il existe des masses d'une constitution assez irrégulière pour qu'une partie du prisme d'éboulement agisse comme un corps solide; mais telle n'est pas votre supposition, quand vous faites varier dans son intérieur les plans de division, pour chercher celui qui donne le prisme de plus grande poussée; par cette variation, vous supposez aux terres une fragilité égale dans toute leur étendue, et vous admettez qu'un petit prisme est appelé à glisser tout comme un plus grand. Or si la tranche prismatique la plus voisine du revêtement tend à couler vers le bas, sa voisine est par rapport à elle comme si elle tendait à remonter vers le haut. Donc, à moins qu'il n'y ait un changement brusque dans la direction du frottement en passant du parement du revêtement à un plan de division infiniment voisin, ce qui est un non sens, ou à moins que sur une étendue plus ou moins considérable et voisine du revêtement, la masse ne soit solide pour redevenir fluide plus loin, ce qui ne peut être admis dans une portion finie d'aucune masse homogène, tous les prismes solidifiés tendent à remonter le long du revêtement, et le frottement a lieu en sens contraire de ce qu'a supposé Coulomb. Sa théorie n'est donc qu'une assimilation, mais ne répond pas à un état existant ou possible d'aucun demi-fluide. Pour la ramener à être une théorie mathématique, où il y ait permanence dans les hypothèses, il faut d'abord concevoir le frottement d'une manière plus exacte.

4. Le propre de toute résistance passive est de ne se développer que suivant le besoin, par conséquent le coefficient qui exprime le rapport du frottement à la pression, dans l'équation d'équilibre d'un corps ou d'une molécule sur une direction inclinée, n'atteint pas toujours sa valeur. C'est ce que l'on énonce autrement en disant que le frottement transforme l'équation d'équilibre d'un corps sur un plan incliné en deux inégalités, dont une redevient équation lorsque le mouvement est sur le point d'avoir lieu. Cette seconde manière d'envisager l'équilibre est la seule usitée jusqu'ici, mais la première est la seule qui soit mathématique, et ce doit être aussi la plus féconde. Il y a toujours égalité entre l'action et la réaction, et un équilibre ne peut jamais être exprimé que par des équations et non par des inégalités.

Le coefficient du frottement, que j'ai désigné généralement par f dans les sables ou les terres, varie donc, et cette variation fait toute la question. J'appelle instable un équilibre pour lequel f acquiert toute sa valeur, à savoir, cot φ, si φ est l'angle du talus na-

turel avec la verticale. Cette considération me paraît
fondamentale et de nature à présider à toutes les
théories que l'on fera sur les corps où le frottement
joue un rôle. La première conséquence que j'en tire
c'est que la notion du prisme de plus grande poussée
est peu exacte, car il n'y a qu'une poussée effective,
une seule réaction du revêtement qui maintient en
équilibre tous les prismes que l'imagination peut
tracer et solidifier dans la masse. Pour chaque plan
de division mené dans un remblai de forme quelconque, la valeur de f variera généralement d'un
point à l'autre du plan, et le coefficient du frottement
sur l'ensemble du plan variera aussi d'un plan à
l'autre. Chaque prisme ayant son sommet au pied du
talus d'éboulement sera donc soumis sur ses deux
faces à des frottemens inconnus et à déterminer. Mais
puisque chaque tranche élémentaire tend à être
entraînée latéralement par la tranche voisine en vertu
du frottement qui les unit, et se trouve retenue sur la
masse entière par son frottement sur l'autre face,
le frottement doit avoir des signes différens sur les
deux faces de chaque tranche finie ou infiniment
petite ; ce qui n'exclut pas d'ailleurs la valeur *zéro* le
long du revêtement, mais exclut toute valeur posi-
tive, en considérant comme négatifs les frottemens
qui tirent dans le sens de la pesanteur. On a déjà
remarqué depuis long-temps que dans les liquides
il n'existe pas de prisme de plus grande poussée ;
mais au lieu de considérer ce résultat comme une
vérification de la théorie de Coulomb, on aurait
dû, ce me semble, y reconnaître l'axiome général

de l'égalité des pressions exercées par tous les prismes, aussi bien dans un fluide imparfait que dans les liquides, et l'on aurait été conduit à l'équation de répartition des frottemens dans une masse prête à s'ébouler.

5. Quelle que soit la masse où le frottement contribue à l'équilibre, on ne peut se placer dans des circonstances mathématiques, c'est-à-dire bien définies et où il y ait lieu à poser des équations, qu'autant que l'on désigne d'avance le sens du mouvement qu'on veut prévenir. Soit un corps placé sur un plan; il est soumis à des forces actives et de plus retenu par le frottement; si vous connaissez toutes ces forces et par conséquent leur résultante de sens et d'intensité, le sens et l'intensité du frottement sont aussi connus; mais si les forces sont inconnues et que vous vouliez trouver les relations qu'elles doivent avoir entre elles pour l'équilibre, la question ne sera déterminée qu'autant que vous désignerez le sens du mouvement que vous voulez prévenir. Ou encore, concevez un système de corps liés entre eux par un ensemble de liaisons incomplètes, il y aura un grand nombre de mouvemens virtuels compatibles avec l'état du système; or il ne sera pas nécessaire pour l'équilibre que chacun d'eux soit rendu impossible par l'annihilation de la somme des momens virtuels calculés en faisant abstraction des résistances passives, et si ces résistances sont susceptibles de s'accroître indéfiniment, la somme des momens virtuels pourra être quelconque : ce sera sa valeur qui déterminera l'intensité du frottement qui devra se développer pour lui faire équilibre. Donc les conditions de repos d'un pareil

système ne sauraient être posées d'une manière générale, et vous êtes forcé de le ramener par des hypothèses à l'état où le nombre des liaisons est complet
et où chaque point matériel ne peut se mouvoir que
sur une courbe. Il est très vrai que tous les genres
de mouvement que vous pourriez supposer ne seront
pas annulés par les résistances passives, parce qu'elles
ne sauraient croître indéfiniment, ni le frottement
dépasser son maximum; mais il y en aura un grand
nombre qui n'exigeront que des résistances possibles
et qui feront naître des répartitions de frottemens fort
différentes.

Mais si la question mathématique est indéterminée,
la question physique ne l'est pas toujours, parce que
l'on sait souvent, par l'expérience, quel est le sens
du mouvement que l'on a le plus à redouter, celui
auquel on doit s'opposer de préférence. L'important
est alors de ne point sortir de l'hypothèse de ce mouvement, et de ne pas poser les équations d'équilibre
contre tout autre; car on trouverait des conditions
vraies, sans doute, si cet autre mouvement était compatible avec les liaisons du système, mais insuffisantes et
n'entraînant pas avec elles la nécessité d'un repos absolu.

Ces observations s'appliquent parfaitement à une
masse demi-fluide. Quand elle est adossée à un revêtement, c'est son mouvement latéral qu'on veut empêcher; il faut donc supposer tous les ressorts du frottement bandés en sens inverse de ce mouvement et
non en sens inverse d'un éboulement à l'intérieur.
Si au contraire on cherchait la plus grande pression
que le fond peut être appelé à supporter, ce dernier

éboulement devrait être seul supposé, et la résistance latérale étant mise hors de cause, on agirait comme si elle était indéfinie. Ainsi, lorsqu'on a désigné un sens de mouvement, on a par cela seul imprimé en quelque sorte à la masse un premier effort qui, sans produire aucun déplacement, a fait naître une certaine répartition des frottemens et déterminé les lignes continues sur lesquelles f atteint son maximum, cot φ. Il suit de là que les pressions sur une paroi, ou sur un élément quelconque donné, sont différentes suivant le sens de l'éboulement qu'on suppose près de s'effectuer; et quand on parle, par exemple, de la pression sur le fond ou sur le revêtement, il faut dire dans quelle hypothèse de mouvement.

Ces principes n'avaient pas encore été posés, et la supposition de Coulomb me paraît en opposition avec eux. Soit (*fig.* 1) une masse donnée, soit une direction AB au-dessous de laquelle les terres sont sans action sur le revêtement AC. Coulomb décompose la masse ABC en tranches, et considère une tranche *mm'nn'* comme entraînée par la face *mn'* et retenue par la face *mm'*, en sorte que le frottement sur *m'm''* agit en sens inverse du poids de la tranche. Or c'est par ce moyen précisément qu'on doit calculer la plus grande pression que la surface AB peut avoir à supporter, mais nullement la plus grande pression sur AC, parce que la face qui entraîne est toujours du côté du mouvement et celle qui retient est du côté opposé. C'est donc comme si, dans un vase plein de terre et dont les parois, situées vis-à-vis l'une l'autre, seraient assez rapprochées pour que les talus naturels pussent se recroiser, on croyait trouver la plus grande poussée sur la paroi de gauche par le même calcul qui donnerait la plus grande poussée sur la paroi de droite. Dans un tel vase il y a autant de pressions possibles sur un même élément qu'il y a de sens différens et possibles d'éboulement.

Ainsi, dans l'hypothèse du mouvement latéral, c'est par la face mm' que la tranche $mnn'm'$ est entraînée, tandis qu'elle est retenue par nn'; donc, encore une fois, c'est dans le sens même de la pesanteur que le frottement tire la tranche $mnn'm'$ sur mm'.

6. Au reste, l'expérience a démontré souvent qu'un massif de terre faisait, par son propre poids, soulever le fond du fossé dont le déblai avait servi à l'élever. Or, ce qui arrive journellement pour des terres un peu vaseuses est l'indice de ce qui tend à se produire dans des terres absolument dénuées de cohésion, et ce qui se produirait si le frottement qui s'oppose à ce glissement de bas en haut n'était presque toujours le plus fort. C'est en cela que l'extension de la méthode de Coulomb à des remblais soutenus par des demi-revêtemens a dû conduire à des résultats encore plus éloignés de la vérité que ceux qu'on a calculés pour les revêtemens ordinaires. Cependant Coulomb paraît avoir été comme effrayé de la petitesse des épaisseurs qu'il obtenait en introduisant dans la valeur de la poussée le frottement des terres contre la maçonnerie, cette résistance tirant le prisme de bas en haut; c'est qu'en effet son hypothèse revient à admettre que dans le vase $VVV'V''V$, fig. 2, plein d'eau jusqu'au sommet, un prisme solidifié est retenu sur la paroi V'V' par un frottement tirant dans le sens V''V', alors qu'il est poussé de bas en haut par l'effet de la charge latérale.

7. Il n'est pas nécessaire pour qu'un éboulement soit près d'avoir lieu, qu'en chaque point et sur toutes les directions le frottement atteigne son maximum ; la masse indéfinie dans tous les sens au-dessous du talus naturel, jouit seule de cette propriété. Mais en général toutes les particules renfermées dans un prisme d'éboulement se séparent, parce que le frottement est vaincu en chaque point sur une seule direction, qui doit être la même pour toutes les particules situées d'une manière semblable. En d'autres termes, une masse va s'ébouler quand, par un point quelconque, on peut tracer une ligne continue sur laquelle le frottement atteint cot φ ; mais il n'est pas indispensable que par le même point on puisse mener plusieurs lignes de cette espèce. Or, si vous tracez une courbe voisine de la ligne de rupture, le frottement sera moindre que cot φ ; donc le caractère des lignes de rupture est que le frottement y est un maximum entre ceux qui ont lieu sur les lignes voisines. Cette propriété revient au fond à celle de rendre la poussée un maximum, quand on suppose tous les frottemens portés eux-mêmes à cot φ, excepté celui contre le revêtement ; mais en fait, toutes les poussées sont égales, et ce sont les frottemens qui varient et deviennent un maximum.

Caractères mathématiques de l'éboulement et des lignes de rupture.

8. Un éboulement successif s'arrête lorsque le frottement est en état de retenir sur le massif la dernière tranche qui va s'ébouler. Il suit de là, ce que l'on

Le frottement sur le talus naturel n'atteint pas le maximum.

sait, que l'inclinaison du talus naturel sur l'horizon a pour tangente trigonométrique le coefficient maximum du frottement dans les terres. Dans un éboulement en masse, le talus naturel n'est plus qu'un plan fixe, inébranlable, sur lequel le frottement ne saurait acquérir toute son intensité; car s'il égalait $\cot\varphi$, il n'y aurait aucune poussée, par le principe que le prisme d'éboulement, considéré comme solide, doit pousser autant que les autres prismes, et qu'il ne pousserait pas du tout s'il était retenu par le frottement entier. Ce résultat n'a rien qui doive surprendre, car le talus naturel n'est pas une ligne de rupture, c'est le lieu de tous les points d'arrêt que vous donnez aux lignes de rupture en solidifiant toute la masse qui s'étend indéfiniment au-dessous de lui; et s'il vous plaisait d'étendre la solidification au-dessus de ce talus, vous le pourriez encore, et vous créeriez ainsi une nouvelle limite des lignes de rupture.

9. Mais au lieu de voir dans le talus naturel un plan fixe, il est mieux de ne faire aucune distinction en sa faveur et de le traiter à l'égal de toute autre direction, en considérant le massif sur lequel repose le prisme d'éboulement, comme faisant partie lui-même d'un prisme d'éboulement plus considérable. Vous serez conduit ainsi à embrasser par la pensée une masse dont le profil s'étendrait indéfiniment dans le sens de la profondeur, et serait limité à sa partie supérieure par une ligne droite ou courbe située en-dessous du talus naturel, et sur le côté par une simple droite. C'est une nouvelle masse indéfinie comprise dans un angle, au lieu d'être indéfinie au-dessous

d'une seule ligne, comme elle l'était avant qu'on ne considérât aucun revêtement. Supposons la ligne AX droite, fig. 3. Dans une pareille masse, la condition de l'égalité de toutes les poussées sur AY, exercées par des portions solidifiées, donne l'équation du n° 4 où entre le frottement sur une direction quelconque et qui peut servir à le déterminer. Le frottement sur un élément de cette direction ne dépend que d'elle et non de la position de l'élément, parce qu'il est clair que si deux masses sont semblables, les lignes de rupture doivent s'y disposer d'une manière semblable, et qu'elles seraient au contraire de forme et de position différentes dans des masses dissemblables. Cela revient à dire que les lois de l'équilibre d'une masse pesante douée de frottement sont indépendantes de son étendue : l'intensité seule des pressions en dépend. Ainsi, tous les prismes d'éboulement ABC, A'B'C' ont des lignes de rupture qui doivent être semblables ; or il en est de même des prismes tels que abC. Remarquez que l'équilibre existe dans la masse, et qu'il est une donnée et non un fait à prévoir et à démontrer. Supposez la première tranche de terre, celle qui est contre le revêtement, faire corps avec lui, ce qui ne saurait altérer un équilibre existant, la ligne limite intérieure de cette première tranche devient une ligne de même nature qu'une quelconque des lignes ab, elle est dans une position analogue, et le frottement doit être le même sur toutes les deux. Ainsi, dans le triangle abC toutes les molécules sont dans le même état de tension vers ab que dans le triangle ABC, et cette tendance d'égale direction fait que le plan ab est pressé comme si ABba était lui-même le revêtement. Donc tout est semblable dans les deux masses ; donc les lignes de rupture y doivent aussi être semblables ; donc ces lignes doivent couper toutes les directions AB, ab, BC', B'C sous des angles égaux ; donc elles doivent être des lignes droites. Ce que nous disons des lignes de rupture doit s'entendre aussi des lignes d'égal frottement. On voit que cette propriété particulière aux remblais de forme triangulaire n'a besoin, pour être démontrée, d'aucune analyse ; elle tient à la possibilité d'y tracer des figurés de toutes les grandeurs, ayant avec eux une similitude parfaite de forme et de position. Dans de pareils remblais et dans l'hypothèse d'un sens unique de mouvement, les lois du frottement ne peuvent être exprimées que par des fonctions angulaires où ne sauraient paraître les coordonnées de chaque point. Au lieu d'un élément dont on fait varier l'inclinaison, on peut concevoir une particule de forme sphérique, et le principe du n°. 4 conduira à la valeur de f sur chacune des tangentes à la section de cette sphère par le profil.

De l'indéterminée qui reste dans la valeur du frottement et de la pression sur un élément quelconque.

10. Mais cette valeur de f renfermera encore une indéterminée que l'on peut considérer soit comme une constante à trouver par l'expérience, soit comme l'expression d'une loi inconnue qui préside à la répartition des frottemens autour d'un même point, autrement qu'en imposant la condition de mettre en équilibre toutes les parties qu'on voudrait solidifier. Cette loi constitutive des demi-fluides doit régler la propriété qu'ils ont de transmettre une force sur sa direction, non dans toute son intégrité, comme les solides, mais avec affaiblissement toutes les fois que cette direction n'est pas celle d'une ligne de rupture. Ici les hypothèses ne manqueraient pas : on pourrait croire que cette loi rend un minimum la pression sur le revêtement, auquel cas le frottement serait *zéro* sur toutes les directions parallèles à leur parement intérieur ; ou bien cette pression serait un maximum, et alors sur ces mêmes directions le frottement serait un maximum ; ou peut-être serait-ce l'intégrale des frottemens de même signe autour d'un même point, qui serait un minimum ou un maximum. L'expérience ne vérifie ni l'une ni l'autre des deux premières hypothèses, et elle-même ne peut être qu'un moyen très imparfait de découvrir cette loi, parce qu'il est impossible d'expérimenter des sables où la compressibilité ne joue pas un rôle capable de l'altérer.

11. On connaît les limites qui renferment l'indéterminée dont il vient d'être question et qui n'est autre que le frottement sur le revêtement. Soit la masse infiniment élevée, suivant le talus naturel AB, fig. 4, on admettra que dans cette masse le frottement sur AC atteint cot φ, en supposant au parement intérieur le même coefficient de frottement qu'aux sables. Considérez maintenant celle qui serait limitée à la ligne AB′, perpendiculaire sur AB et descendant de gauche à droite suivant le talus naturel : ici le frottement sur AC doit être la limite inférieure de tous les frottemens possibles, c'est-à-dire *zéro*. D'où vous conclurez que pour toutes les positions du plan supérieur comprises entre AB′ et AB, le frottement sur le revêtement est compris entre *zéro* et cotφ, nécessairement supérieur à *zéro.*

12. On ne doit pas profiter de l'indétermination apparente de cette constante pour supposer que le frottement du fluide contre le revêtement égalera le maximum de ce qu'il pourrait y atteindre sans que le glissement eût lieu. Quoique deux expériences de Rondelet semblassent l'indiquer ainsi, j'ai cru que la nature du parement intérieur ne pouvait jouer un rôle sur l'état de la masse que dans le cas où le frottement exigé par la loi inconnue, qui en règle à l'intérieur la répartition, serait supérieur au frottement maximum qu'il est possible d'exercer sur le parement; alors, nécessairement cette loi inconnue serait modifiée. Mais il n'est pas question de cette indéterminée dans la masse en équilibre instable, et il est permis de croire que sans la compressibilité cette masse ne pourrait rester appuyée contre un miroir poli.

13. En se fondant sur les principes que je viens de développer, il est aisé de calculer les pressions exercées en chaque point du parement intérieur du revêtement; mais je suppose que ce revêtement est de telle nature qu'à l'instant où le frottement, dans l'intérieur, atteint son maximum et le dépasse, au même instant le revêtement, incapable de supporter l'effort, se désunit dans toutes ses parties : c'est ainsi qu'on a toujours fait pour les liquides. Si maintenant on introduit l'hypothèse qu'il ne peut se diviser, mais seulement tourner autour de l'arête extérieure de sa base; comme ce mouvement ne peut avoir lieu sans

Il se passe contre le revêtement qui doit tourner ou glisser quelque chose de particulier.

un frottement sur le fluide, doit-on admettre que l'état de la masse sera changé? Non, sans doute; car ou il ne se produira aucune poussée, ou elle naîtra de la tendance qu'ont les tranches prismatiques à couler les unes sur les autres; or, rien ne peut prévaloir contre les conséquences que nous avons déduites de cette vérité. Il se passe certainement dans la première tranche de fluide, celle qui touche au revêtement, quelque chose difficile à analyser; mais la pression et le frottement exercés par le fluide sur cette tranche seront toujours indépendans du mouvement virtuel du revêtement et du frottement qu'il exercera de son côté sur elle. On retrouverait d'ailleurs la même difficulté si le fluide était un liquide parfait sans frottement sur lui-même, mais non sur les parois du vase qui le contiendrait. Peut-on croire qu'en ajoutant à l'extérieur de nouvelles masses à un revêtement, de manière à changer sa rotation et son mouvement virtuel, on altérera l'état du fluide, c'est-à-dire ses frottemens et ses pressions? Il est évident que cet état restera le même que si la paroi solide était inébranlable ou ne pouvait céder qu'en se fissurant, comme un tuyau de conduite qui ne peut supporter la pression du fluide qu'il écoule. Il n'y a donc aucune absurdité à admettre que le fluide et le revêtement tendent à glisser dans le même sens sur la première tranche, et que le mouvement virtuel du revêtement ne peut influer que sur son propre équilibre. Si c'est une dalle, le coefficient de son frottement contre le sable sera 0,3 ou 0,4; si c'est de la maçonnerie, il atteindra 0,6, 0,7, 0,8. Cette résistance est indiquée par la direction inclinée de la poussée, et son moment est trop considérable pour pouvoir être négligé. C'est certainement une preuve de l'imperfection de la théorie de Coulomb, que l'impuissance où elle est d'atteindre les résultats de l'expérience sans un coefficient de stabilité qui égale près de 2 ; alors même qu'on a négligé ce frottement et qu'on ne tient aucun compte ni de la cohésion, ni de la compressibilité, ni des contreforts.

Des remblais de forme quelconque. 14. Ce qu'on a dit au n° 9 montre assez la difficulté qu'il y aurait à traiter un remblai non limité à sa partie supérieure à une seule droite, mais à un polygone ou une courbe ; les lignes de rupture devenant des courbes ou peut-être des lignes brisées d'autant plus éloignées de la ligne droite que la partie supérieure s'en éloignerait elle-même. Il faudrait chercher dans ce remblai d'abord les courbes d'égal frottement, puis celles du frottement maximum. Tant que cette question ne sera pas résolue, il sera impossible de traiter exactement le massif des terres adossées à un demi-revêtement, et il sera mieux de se dégager de toute hypothèse en agissant comme si les terres étaient infiniment élevées. Mais en appliquant à ce massif, dont la partie supérieure est une ligne fortement brisée, l'hypothèse des lignes de rupture droite, je crois que MM. Audoy et Poncelet ont dépassé même les intentions de Coulomb. On ne doit pas invoquer à ce sujet l'expérience, car elle est muette (n° 1) et ne donne que des talus successifs d'éboulement.

15. Dans une masse de terre ou de sable d'une épaisseur indéfinie, engendrée par le mouvement

d'un même profil, deux profils voisins se trouvant dans des circonstances identiques, les pressions latérales sont les mêmes, par conséquent il n'y a pas lieu à faire entrer dans l'équilibre d'un élément un frottement de plus; il est retenu avec la même force qu'il est entraîné, et tout se passe, comme nous le disons, dans un seul profil. Quand même le frottement latéral, ainsi que la cohésion latérale, augmenteraient jusqu'à rendre solide la réunion de tous les élémens disposés sur une même horizontale, rien ne serait changé à nos calculs.

16. Je ne tiendrai pas compte de la cohésion, c'est-à-dire de cette partie de l'adhérence des molécules entre elles qui est indépendante de la pression ou, si l'on veut, indépendante du premier terme de la série inconnue qui, ordonnée suivant les puissances ascendantes de la pression, représente la valeur exacte et complète de cette adhérence. On suppose ordinairement ce premier terme nul dans le sable et les terres nouvellement remblayées. Son introduction dans nos formules, alors même qu'elle se ferait comme elle a été faite jusqu'ici, aurait l'inconvénient de compliquer une exposition qu'il importe de rendre le plus claire possible. Mais je ne partage pas sur ce point l'opinion des géomètres qui ont cru que cette introduction était facile. En effet, quand on n'a égard qu'au frottement, il est évident que deux prismes de terre de formes semblables doivent renfermer des courbes semblables d'*égal frottement* et de *frottement maximum*, d'où nous avons conclu que dans un prisme d'éboulement triangulaire, ces lignes sont

De la cohésion.

droites ; mais quand au frottement se joint la cohésion, il serait inexact de dire que deux prismes de figure et de position semblables sont semblables en tous points, car le plus petit des deux pourra n'exercer aucune poussée et se soutenir de lui-même, tandis que l'autre se brisera. Donc rien ne prouve que dans une masse cohérente les lignes d'*égal frottement* et de *rupture* soient droites ; je ne dis pas que cela soit tout-à-fait impossible, mais l'esprit se refuse à étendre *à priori* jusqu'à ces lignes une similitude déjà tellement incomplète, qu'elle ne saurait s'appliquer à la valeur de la poussée, et que les masses dans lesquelles on voudrait la reconnaître sont, les unes constituées à l'état solide, puisqu'elles se soutiennent d'elles-mêmes, et les autres encore à l'état demi-fluide.

Le théorème de M. de Prony a été considéré jusqu'ici comme renfermant deux vérités remarquables : la première est la valeur simple de l'angle du prisme de plus grande poussée ; la deuxième est l'indépendance de la cohésion où se trouve la valeur de cet angle. En admettant avec empressement cette indépendance, a-t-on réfléchi que l'influence de la cohésion est nulle sur l'angle du talus naturel d'une masse infiniment élevée ; qu'au contraire c'est celle du frottement qui devient nulle dans une masse d'une hauteur infiniment petite ; et que par conséquent il est difficile que la répartition des frottemens soit dans une masse finie, indépendante de la cohésion ?

Il est donc entendu que nos calculs ne s'adresseront qu'à une masse dont les particules peuvent être disjointes sans effort exigé par leur adhérence, quand on les sépare en les entraînant en sens opposé sur une ligne perpendiculaire à leur surface de contact, mais qui, si le mouvement est oblique au plan de jonction, opposent à sa composante dans ce plan une résistance proportionnelle à la pression qu'il supporte et égale à cette pression multipliée par le coefficient f maximum, si la disjonction doit avoir lieu.

17. Soit la masse indéfinie YAN de l'article **9**, que je représente de nouveau fig. 5,

Formules générales.

Soit p_0 la pression exercée sur la portion finie AY;

p la pression exercée sur une droite intérieure YX;

f_0 le coefficient du frottement sur AY;

f le coefficient du frottement sur YX;

α l'angle de AY avec la verticale, cet angle étant positif à droite de la verticale, négatif à gauche;

ν l'angle AYX au sommet du prisme AYX;

θ l'angle de la droite supérieure AX avec la verticale;

h la hauteur Yb, bd étant horizontale;

f_1 la valeur particulière du frottement sur la direction YN du talus naturel;

φ l'angle de cette direction avec la verticale;

ρ la densité du demi-fluide;

g la gravité;

Les deux forces p_0 et p, le frottement $f_0 p_0$ et fp qui tirent tous deux dans le sens de la pesanteur et le poids du triangle AYX se faisant équilibre, les sommes des composantes, horizontales et verticales, doivent être nulles séparément. Ainsi, on a, en désignant le poids du triangle par q,

$$p_0 \cos \alpha - p \cos (\nu + \alpha) + fp \sin (\nu + \alpha) - f_0 p_0 \sin \alpha = 0$$

$$- p_0 \sin \alpha + p \sin (\nu + \alpha) + fp \cos (\nu + \alpha) - f_0 p_0 \cos \alpha - q = 0 ;$$

d'où l'on tire

$$p_0 = \frac{q \, [\cos (\nu + \alpha) - f \sin (\nu + \alpha)]}{(1 + ff_0) \sin \nu + (f - f_0) \cos \nu}.$$

La valeur de q dans le triangle AYX est égale au produit du sinus de l'angle ν, par la moitié du produit des deux côtés qui le comprennent.

Or, $\mathrm{AY} = \dfrac{h}{\cos \alpha}$ et $\mathrm{XY} = \dfrac{h \sin (\theta - \alpha)}{\cos \alpha \sin (\theta - \alpha - \nu)}$;

donc

$$q = \frac{h^2 \sin \nu \sin (\theta - \alpha)}{2 \cos^2 \alpha \sin (\theta - \alpha - \nu)};$$

donc enfin

$$(1) \quad p_0 = gp \; \frac{h^2 \sin (\theta - \alpha)}{2 \cos^2 \alpha \sin (\theta - \alpha - \nu)} \cdot \frac{\cos (\nu + \alpha) - f \sin (\nu + \alpha)}{1 + ff_0 + (f - f_0) \cot \nu};$$

qu'on peut aussi mettre sous la forme

$$p_0 = gp \; \frac{h^2 \sin (\theta - \alpha)}{2 \cos^2 \alpha \sin \theta} \cdot \frac{\cot (\nu + \alpha) - f}{\cot (\nu + \alpha) - \cot \theta} \cdot \frac{1}{1 + ff_0 + (f - f_0) \cot \nu}.$$

Puisque f_1 est le coefficient du frottement sur NY, on aura, en substituant dans cette équation $\nu + \alpha = \varphi$ et $f = f_1$.

$$(2) \quad p_0 = gp \; \frac{h^2 \sin (\theta - \alpha)}{2 \cos^2 \alpha \sin \theta} \cdot \frac{\cot \varphi - f_1}{\cot \varphi - \cot \theta} \cdot \frac{1}{1 + f_1 f_0 + (f_1 - f_0) \cot (\varphi - \alpha)}$$

En égalant ces deux valeurs de p_0, on aura pour valeur générale du frottement sur une direction quelconque, K désignant une constante indépendante de cette direction,

$$(3) \begin{cases} \text{K} = \dfrac{\cot\varphi - f_2}{(\cot\varphi - \cot\theta)\,[1 + f_0 f_2 + (f_2 - f_0)\cot(\varphi - \alpha)]} \\[2ex] f = \dfrac{\cot(\nu + \alpha) - \text{K}(1 - f_0\cot\nu)\,[\cot(\nu + \alpha) - \cot\theta]}{1 + \text{K}(f_0 + \cot\nu)\,[\cot(\nu + \alpha) - \cot\theta]}. \end{cases}$$

Toutes les fois que l'on fera $\nu + \alpha = \theta$, c'est-à-dire pour toutes les directions parallèles à la limite supérieure du remblai, on aura

$$f = \cot\theta,$$

résultat indépendant des constantes f_0 et f_2. Il s'applique au cas où $\theta = \varphi$, c'est-à-dire à la masse indéfiniment élevée suivant le talus naturel. Il exprime, ce que l'on sait déjà, qu'une tranche quelconque parallèle au plan d'équilibre supérieur, n'est par rapport à la masse indéfinie ni plus ni moins que la première tranche infiniment mince, ni plus ni moins qu'une molécule unique placée sur le plan incliné de la surface libre.

On peut aussi tirer la valeur de p ou de la pression sur une direction quelconque YX, et trouver

$$p = g\rho\,\frac{h^2\sin(\theta - \alpha)\,(\cos\alpha + f\sin\alpha)}{2\cos^2\alpha\,\sin(\theta - \alpha - \nu)\,[1 + ff_0 + (f - f_0)\cot\nu]}.$$

Soit l la longueur de YX, ou a $l = \dfrac{h}{\cos\alpha}$; de plus $\dfrac{dp}{d}\,dl$ est la pression exercée sur un élément de cette longueur, et $\dfrac{dp}{dl}$ est cette pression élémentaire rapportée à l'unité de surface. Si nous désignons cette dernière quantité par Π, nous aurons

$$(4) \quad \Pi = g\rho \; \frac{l \sin (\theta - \alpha)\,(\cos \alpha + f \sin \alpha)}{\sin (\theta - \alpha - \nu)\,[1 + ff_0 + (f - f_0) \cot \nu]}.$$

Il faudra tirer la valeur de f de l'équation (3) et la substituer dans cette formule.

—

18. Les géomètres ne feront aucune difficulté d'admettre que la masse demi-fluide qui s'étend indéfiniment et dans tous les sens au-dessous du talus naturel est en état d'équilibre instable, c'est-à-dire que, autour de chaque molécule et dans toutes les directions, $f = \cot \varphi$. Quoique une masse de terre ou de sable ne représente que très imparfaitement un pareil fluide, parce qu'elle est compressible, cependant l'expérience nous montre que si vous pressez fortement une couche épaisse de sable, vous faites avancer son talus naturel à peu près parallèlement à lui-même, et si la pression n'est pas égale partout, les parties moins pressées pourront surgir et bouillonner. Or, la charge de sable indéfiniment élevée suivant le talus naturel représente évidemment tout ce qu'une couche donnée peut porter sans prendre de mouvement. Il y a donc, se rapprochant plus ou moins de l'horizontale, au moins une direction sur laquelle $f = \cot \varphi$ dans la masse indéfinie ; comme d'ailleurs nous venons de faire voir au n° **17**, que sur toutes les directions parallèles à la surface libre, on a aussi $f = \cot \theta$, nous sommes sûrs que sur deux directions au moins l'équilibre est instable; cela suffit pour qu'il le soit sur toutes, car si dans la formule (3), valeur générale du frottement, vous supposez que α est celle des deux directions d'équilibre instable qui n'est pas le talus naturel, il n'y a qu'à faire d'abord $f_2 = \cot\theta$, puis $f_2 = f_0 = \cot\varphi$, on trouvera alors, quel que soit v, $f = \cot\varphi$. Le même n° **17** nous donnera la pression; ainsi quand $\theta = \varphi$, *fig.* 5, si l'on désigne par $\mathcal{C}$ l'angle que fait avec la verticale une ligne droite quelconque tracée au milieu de la masse indéfinie, et par p_0 la pression snr une portion finie Ay de cette ligne, on a

$$p_* = g\rho \;\frac{h^2 \sin(\varphi-\mathcal{C})}{2\cos^2\mathcal{C}\,\sin(\varphi-\mathcal{C}-v)} \;\frac{\cos(v+\mathcal{C})-\cot\varphi\sin(v+\mathcal{C})}{1+\cot^2\varphi},$$

$$p_0 = g\rho\;\frac{h^2\sin\varphi\sin(\varphi-\mathcal{C})}{2\cos^2\mathcal{C}}.$$

Et si au lieu de h vous introduisez la longueur AY, que j'appelle l, vous aurez

$$p_0 = g\rho\,\frac{l^2}{2}\,\sin\varphi\,\sin(\varphi-\mathcal{C}),$$

et pour la pression sur un élément quelconque de la masse faisant un angle $\mathcal{C}$ avec la verticale,

$$dp_0 = g\rho\,l\sin\varphi\,\sin(\varphi-\mathcal{C})\,dl;$$

l sera en général la distance de l'élément à la surface libre, mesurée sur le prolongement de cet élément. Appelez Π la pression sur cet élément, rapportée à l'unité de surface, vous aurez

$$(\text{A})\qquad\qquad \Pi = g\rho\,l\sin\varphi\,\sin(\varphi-\mathcal{C}).$$

Nommez M la longueur de la perpendiculaire abaissée du centre de l'élément sur la surface libre , vous aurez

(B) $$\Pi = g\rho\mathrm{M}\sin\varphi.$$

Ce dernier résultat, d'où l'angle ε est disparu, prouve que dans la masse en équilibre instable, comme dans les liquides, la pression sur un élément est indépendante de la direction de cet élément et proportionnelle à son éloignement de la surface d'équilibre. Les pressions sont exactement les mêmes que si , renversant par la pensée toute la masse pour ramener son talus naturel à être horizontal, on la considérait comme étant devenue parfaitement fluide et ayant changé sa densité de ρ en $\rho \sin \varphi$.

19. On peut arriver à ces résultats d'une manière analogue à ce qui a été fait par Clairaut pour les liquides. Soit un élément mn, *fig.* 6, dont l'angle avec la verticale est ε et la pression, rapportée à l'unité de surface, est Π. Menons l'élément $m'n'$ perpendiculaire au premier, appelons Π' la pression qu'il supporte, rapportée à l'unité de surface, et achevons le carré infiniment petit $mm'nn'$. Menons par le point O de la surface libre, deux axes OX, OY parallèles aux côtés de ce carré, et considérons-les comme axes de coordonnées, en sorte que les valeurs de x et de y s'y rapportent. La pression sur $m'n'$ sera, rapportée à l'unité de surface, $\Pi + \dfrac{d\Pi}{dx} dx$; la pression sur nn' sera Π' $+ \dfrac{d\Pi'}{dy} dy$. Chacune de ces quatre pressions étant

Équilibre d'un petit cube de terre.

multipliée par l'étendue de l'élément auquel elle est appliquée, on aura

$$\pi dy, \ \pi' dx, \ \Pi dy + \frac{d\pi}{dx} dxdy \text{ et } \Pi' dx + \frac{d\Pi'}{dy} dydx.$$

De plus, le poids de l'élément est $g\rho dxdy$.

La petite masse $mm'n'n$ peut être considérée comme poussée par la force Π' et entraînée par son poids et par la masse Amm'BCO qui la fait glisser sur le plan m'B dans le sens OY. La force avec laquelle la seconde entraîne la première est $f\pi dy$, en sorte que l'action totale ou la puissance est

$$\Pi' dx + f\pi dy + g\rho dxdy \cos \mathcal{E}.$$

On trouvera de même, que la force qui retient sur le plan incliné est

$$\pi' dx + \frac{d\pi'}{dy} dydx + f\Pi dy + f\frac{d\Pi}{dx} dxdy.$$

Ces forces doivent être égales, on a donc

$$g\rho \cos \mathcal{E} - \frac{d\Pi'}{dy} - f\frac{d\Pi}{dx} = 0.$$

Considérons maintenant le mouvement dans le sens XO. Cette fois, c'est la masse D$m'n'$EA qui tend à entraîner l'élément, et cela par son frottement avec elle, qui est $f\Pi' dx$. Ce frottement est secondé par la force $\pi dy + \frac{d\Pi}{dx} dxdy$, et il est contrarié par la force Πdy, le frottement $f\Pi' dx + f\frac{d\Pi'}{dy} dydx$, et la composante de la pesanteur parallèle à l'axe des x. On a donc l'équation

$$g\rho \sin \varsigma - \frac{d\Pi}{dx} + f \frac{d\Pi'}{dy} = 0.$$

Ces deux équations réunies donnent par l'élimination

$$\frac{d\Pi}{dx} = \frac{g\rho \, (\sin \varsigma + f \cos \varsigma)}{1 + f^2},$$

$$\frac{d\Pi'}{dy} = \frac{g\rho \, (\cos \varsigma - f \sin \varsigma)}{1 + f^2},$$

et en intégrant,

$$\Pi = \frac{g\rho \, (\sin \varsigma + f \cos \varsigma)}{1 + f^2} \, x + \psi (y),$$

$$\Pi' = \frac{g\rho \, (\cos \varsigma - f \sin \varsigma)}{1 + f^2} \, y + \chi (x),$$

ψ et χ désignant des fonctions arbitraires.

Il est évident que ces deux expressions rentrent l'une dans l'autre, et que la première suffit pour représenter la pression sur un élément quelconque, pourvu qu'on soit attentif à la manière de mesurer l'angle ς. La fonction arbitraire $\psi (y)$ se détermine aisément; car si vous prolongez l'élément mm' jusques en K sur la ligne OC, pour tous les points situés sur cette ligne mK, la fonction $\psi (y)$ aura la même valeur, mais la pression en K est nulle; donc, si vous désignez l'abscisse Kl de ce point K par — X, vous aurez

$$\Pi = \frac{g\rho \, (\sin \varsigma + f \cos \varsigma)}{1 + f^2} (X + x);$$

mais X + x n'est autre chose que la distance mK de l'élément à la surface du talus naturel mesurée perpendiculairement à cet élément; donc, en appelant

N cette longueur de la normale, on a

$$\Pi = \frac{g\rho\ (\sin\mathcal{6} + f\cos\mathcal{6})}{1 + f^u}\ N;$$

remplaçant f par cot φ, il viendra

(C) $\qquad \Pi = g\rho \sin\varphi \cos(\varphi - \mathcal{6})\ N.$

Comme $N = l$ tang $(\varphi - \mathcal{6})$, cette valeur de la pression sur un élément s'identifie avec celles trouvées plus haut, et ce n'est qu'une troisième forme à lui donner dans les applications. On emploiera chacune des trois expressions (A), (B), (C), suivant qu'elle présentera plus d'avantages. S'il s'agit d'un revêtement à parement intérieur curviligne, il faudra rapporter cette courbe à deux axes, et le moment des pressions exercées sur elle se calculera par rapport à tel point de son plan que l'on voudra en décomposant chaque pression élémentaire en deux : l'une verticale, l'autre horizontale. Cette opération n'appartient plus qu'à l'analyse et ne peut plus présenter que des difficultés d'intégration. Il en sera de même de la détermination de la meilleure surface à adopter pour parement intérieur d'un revêtement plein dont le talus extérieur est donné. Ce n'est plus qu'une application de la méthode des variations à laquelle Bossut, en traitant des *Digues* dans l'Encyclopédie mathématique, ne paraît pas avoir songé. (*Voyez* la note **A**.)

L'analyse fort simple, que nous venons de faire, peut s'appliquer à une masse de forme quelconque, pourvu que l'on connaisse la fonction de x, y, $\mathcal{6}$ qui représente alors le frottement. Ainsi, en supposant que sur la face mm' du carré infiniment petit le frottement est f, et f' sur la face mn ; la ligne supérieure du remblai n'étant plus une droite indéfinie, il y aura entre les deux frottemens opposés une différence infiniment petite, savoir, $\frac{df'}{dx}\, dx$ ou $\frac{df}{dy}\, dy$. Je me réserve de poser ailleurs les nouvelles équations qui en résultent, et d'essayer de les résoudre, même par rapport à f et f', quand la fonction qui représente ces frottemens est inconnue. Mais comme il restera toujours au moins un frottement inconnu dans la solution, elle ne sera jamais que fort peu utile.

Je suis entré dans ce détail pour montrer que quoique les équations fondamentales, n° **17**, aient été posées sur des prismes de grandeur finie et de forme triangulaire, elles ne préjugent absolument rien sur la nature du fluide, et ce n'est nullement admettre un mode particulier de formation, ni l'assimilation d'une masse de terre à un livre qui n'est composé que de feuillets, pas plus que les équations déduites de l'équilibre d'une molécule cubique ne renferment implicitement la condition d'une cristallisation en cubes; on ne pourrait l'objecter qui si nous quittions un seul instant l'hypothèse des parties solidifiées pour tomber dans celle des parties solides *à priori*, ce que nous avons évité en conservant toujours au frottement la valeur qu'il a dans le fluide, qu'elle soit connue ou inconnue.

Il ne reste donc d'hypothèses que celles de l'incompressibilité et de la continuité parfaite de la matière, et elles sont de nature à donner des limites supérieures.

Limite d'é-
paisseur d'un
revêtement.

20. Je ne traiterai des applications de ces formules que dans le § IV ; mais je constaterai tout de suite un résultat remarquable.

Soit h la hauteur d'un revêtement dont le parement intérieur est vertical, ainsi que le parement extérieur. Soit e son épaisseur, ρ' la densité de la maçonnerie qui le compose ; supposons, comme il a été dit au n° **11**, le frottement sur les maçonneries égal à celui des terres sur elles-mêmes, l'intégration de la formule (A) donnera pour la somme des momens des terres, par rapport au pied du revêtement,

$$g\rho \sin^*\varphi \int_0^h (h-l)\, dl = \frac{g\rho}{6} \sin^*\varphi\; h^3,$$

et celui du revêtement sera

$$g\rho' \frac{e^2 h}{2}.$$

En les égalant tous deux, il viendra

$$g\rho' \frac{e^2 h}{2} = \frac{g\rho}{6} \sin^*\varphi\; h^3 ;$$

d'où

$$\text{(D)} \qquad e = h \sin\varphi \sqrt{\frac{\rho}{3\rho'}}.$$

Si le talus naturel est à 1 de base sur 1 de hauteur,

$$\sin\varphi = \frac{1}{\sqrt{2}} \quad \text{et} \quad e = h \sqrt{\frac{\rho}{3\rho'}}.$$

Soit $\dfrac{\rho}{\rho'} = \dfrac{2}{3}$ qui est une valeur moyenne,

$$e = \frac{h}{3}.$$

D'où je conclus que la pression exercée sur un demi-revêtement par une charge de terre qui le surmonte, augmente sans doute avec la hauteur de cette charge, mais elle ne peut atteindre une limite que l'on sait calculer. Le revêtement en maçonnerie et à paremens verticaux capable de faire équilibre à cette pression, quand il est tout-à-fait extérieur aux terres, comme dans la figure 8, et quand on néglige le frottement qui résulte de sa rotation, a pour épaisseur l'expression (D), qui se réduit au tiers de la hauteur pour des terres pouvant se soutenir à 45° sans cohésion, et ayant une densité égale aux $\frac{2}{3}$ de celle de la maçonnerie.

§ III. *De la masse en équilibre stable.*

———

21. J'ai défini équilibre stable l'état de tout remblai qui, reposant sur un plan solide, n'atteint pas en hauteur le talus naturel indéfiniment élevé et reste au-dessous de lui. Alors on peut appliquer à la partie supérieure de ce remblai des poids qui n'altèrent point sa forme, et qui, si une portion de sa surface libre est un talus naturel, n'amèneront aucun mouvement dans ce talus, par suite de l'affaiblissement qu'elles éprouveront avant d'arriver à lui. Remarquez qu'en supposant le fluide incompressible, nous admettons qu'aucun mouvement n'est possible dans une partie, par exemple, à la surface supérieure, sans qu'il ait lieu dans toute la masse.

A vrai dire, il n'y a pas d'équilibre stable si l'on entend par là que la réaction du plan qui porte le remblai est supérieure à l'action qu'il éprouve. Mais la stabilité est due à ce que cette réaction est susceptible de s'accroître avec l'action ; celle-ci, elle-même, ne saurait avoir lieu sans que le frottement atteigne son maximum sur une infinité de lignes. Ce qui caractérise l'état de la masse qui nous occupe, c'est qu'aucune de ces lignes n'aboutit par ses deux extrémités à la surface libre. Or, dans ce cas, aucune rupture n'est possible si partout ailleurs aux limites de la masse la résistance est indéfinie ; comme aussi il n'y a pas d'équilibre possible quand les lignes de rupture aboutissent par leurs deux extrémités à des points qui ne sont pas soutenus ou qui sont libres.

Cette masse ne devient capable d'un éboulement latéral que quand on remplace une partie de sa surface libre par un plan plus proche de la verticale que le talus naturel. Ici je dois résoudre une objection qui est comme le nœud de la théorie des terres, la voici : le plan que vous tracez au travers de la masse pour représenter un revêtement, ne change rien à son état ; c'est absolument comme si vous aviez solidifié une partie du fluide. Ainsi, les lignes de rupture doivent rester les mêmes, et il n'y a pas lieu à les faire varier avec l'inclinaison du plan.

Cette objection serait fondée si construire un revêtement revenait à faire avec précaution l'opération mathématique de solidifier une partie du remblai déjà posé en équilibre sur un plan solide horizontal ou incliné. Mais, en fait, il y a parité complète entre ce plan du dessous et le plan latéral ; ce sont en quelque sorte deux revêtemens qui ne diffèrent que par leur inclinaison. Et qui peut répondre que la priorité relativement au tracé des lignes de rupture se conservera en faveur du premier? Dans le doute, il faut choisir celui des deux systèmes de lignes qui est le plus défavorable à vos constructions, par conséquent celui qui appartient au plan latéral si

vous faites un mur de soutènement, et celui qui
appartient au sol inférieur, si ce sol présente moins
de résistance que le mur. Ce sera, en effet, celui de
ces deux plans qui, par l'effet des secousses ou le
tassement, éprouvera le premier dérangement qui
déterminera dans quel sens aura lieu la tension générale des frottemens. L'un et l'autre système de lignes de
rupture présentent un état possible et susceptible d'être
mis en équation ; mais il serait étrange que lorsqu'on
veut s'opposer à l'éboulement latéral, on en supposât
un dans un sens tout différent. Je crois avoir fait voir
au n° 5 que Coulomb était tombé dans cette faute,
mais il n'y est pas resté fidèle ; et au lieu d'admettre la
constance et l'invariabilité des lignes de rupture
toutes dirigées comme si le sol qui porte le remblai
allait céder, il a admis évidemment que ces lignes
variaient avec l'inclinaison du plan latéral ou parement intérieur du revêtement.

L'objection ne peut s'adresser à la masse indéfinie
dont les lignes de rupture ont toutes les directions.
J'ajouterai que le sens dans lequel agit la pesanteur ne
donne aucun avantage aux lignes de rupture relatives
au plan horizontal ; car ce n'est pas le sens des forces
qui détermine celui des frottemens, mais c'est le sens
du mouvement.

J'ai fait voir que lorsque le remblai appartient à la
masse indéfinie comprise entre deux lignes droites,
les lignes de rupture étaient également droites. Le
caractère qui sert à les reconnaître, c'est que le frottement y est un maximum. Ainsi, dans l'équation (1)
du n° **17**, p, étant une constante, v et f les deux seules

variables, on a

$$p_0 = g\rho \; \frac{h^2 \sin(\theta - \alpha)}{2\cos^2\alpha \sin\theta} \; \frac{\cot(\nu + \alpha) - f}{\cot(\nu + \alpha) - \cot\theta} \cdot \frac{1}{1 + ff_0 + (f - f_0)\cot\nu}.$$

Pour connaître l'angle V qui rend f un maximum, il faut différencier cette équation par rapport à ν et y faire $df = 0$, puis remplacer f par $\cot\varphi$. Or, faire $df = 0$, c'est faire de f une constante. C'est donc comme si, considérant de suite f comme toujours égal à $\cot\varphi$, on cherchait le maximum de la quantité p_0 devenue variable. Le résultat de cette opération sera

$$\cot V = \cot(\varphi - \alpha) + \sqrt{\left[\cot(\varphi - \alpha) - \cot(\theta - \alpha)\right]\left[\cot(\varphi - \alpha) - \cot\varphi + \frac{\operatorname{cosec}^2\varphi}{\cot\varphi - f_0}\right]}.$$

Cette valeur de cot V substituée dans l'équation (3) en même temps que $f = \cot\varphi$, donnera une équation entre les constantes f_0 et f_a, d'où l'on tirera la valeur de f_a de manière à n'avoir plus qu'une indéterminée f_0.

Direction des lignes de rupture.

La valeur générale de f_a résultant de cette élimination est fort compliquée, mais lorsque $\alpha = 0$, et c'est le cas de la pratique, on trouve

Valeur du frottement sur le talus naturel.

$$f_a = \cot\varphi - \frac{(1 + \cot^2\varphi)\sin(\theta - \varphi)}{\dfrac{\sin\theta}{\sin\varphi} + 2\cot\varphi \sin(\theta - \varphi) + 2\sin\theta \sqrt{(\cot\varphi - f_0)(\cot\varphi - \cot\theta)}},$$

valeur qui dans le cas $\theta = 90°$, qui est celui d'une masse de niveau à sa partie supérieure, devient

$$f_a = \frac{\cos\varphi + \sqrt{1 - f_0 \tang\varphi}}{\sin\varphi \; \dfrac{3 + \tang^2\varphi}{2} + \sqrt{1 - f_0 \tang\varphi}}.$$

La poussée se trouvera en général en substituant la

valeur que l'on aura trouvée pour l'angle **V** dans l'équation (1), qui peut se mettre, quand $f = \cot \varphi$, sous la forme

Valeur de la poussée.

$$p_0 = g\rho \,\frac{h^2 \sin(\theta - \alpha)\sin(\varphi - \alpha - V)}{2\cos^2 \sin\varphi \sin(\theta - \alpha - V)\left[1 + f_0 \cot\varphi + (\cot\varphi - f_0)\cot V\right]}.$$

22. Il serait également facile de trouver la valeur de Π, c'est-à-dire de la pression sur un élément quelconque situé à la limite ou à l'intérieur de la masse et incliné d'un angle 6 sur la verticale; mais cette valeur ne serait d'aucune utilité, attendu qu'on ne peut pas ici, comme pour la masse en équilibre instable, calculer par intégration la pression sur un parement courbe. Chacun des élémens de cette courbure, considéré comme élément d'un parement rectiligne de même inclinaison, constituerait, par cette hypothèse, la masse dans un état différent, si l'on se servait de l'expression de p_0 dans laquelle on ferait varier α suivant l'équation de la courbure; ou bien la masse serait *constituée* dans un état unique si, donnant une valeur constante à α dans l'expression de Π, on faisait varier 6 suivant la courbe du parement intérieur. Mais alors de toutes les directions qui peuvent être admises comme sens unique de mouvement, laquelle choisira-t-on? il s'en présente autant que d'élémens de la courbe. Ainsi, déterminer la pression sur toute paroi qui n'est pas plane est une question insoluble, parce qu'elle renferme en elle-même un nombre infini d'éventualités toutes également possibles, qui donneront au mouvement chacune une tendance différente. Il n'y a pas de théorie possible

sur les masses où le frottement joue un rôle sans la
considération de cette tendance ; c'est par elle seulement que le frottement se produit, et il n'est qu'un
effet dont elle est la cause. Prétendre que cette tendance n'est pas un état mathématique, c'est nier toute
possibilité de faire entrer le frottement dans des équations, même dans le cas le plus simple de l'équilibre
d'un corps solide. Ces tendances ne sont d'ailleurs que
les mouvemens virtuels, parmi lesquels il faut choisir
tous ceux qui sont compatibles avec la forme de la
paroi.

Ces éventualités sont les mêmes que celles dont
j'ai fait mention plus haut et qui doivent diriger les
lignes de rupture par rapport au sol ou par rapport
au revêtement, mais avec cette différence que le
sol peut être mis hors de cause et sa résistance supposée plus grande que celle du revêtement, et qu'il
n'y a pas de raison pour en faire autant d'une partie
d'un revêtement à l'exclusion des autres.

On retrouve la même impossibilité dans la recherche des conditions d'équilibre du sable dans un vase
dont le pourtour curviligne peut céder avec la même
facilité dans tous les profils.

Le problème de la poussée des terres n'est donc
pas un problème qu'on puisse résoudre à la fois dans
les trois dimensions. Vous ne pouvez d'ailleurs concevoir la pression d'un profil contre un autre qui le
touche, qu'en admettant deux éboulemens perpendi-
culaires l'un à l'autre ; mais alors il faut se représenter
une molécule tendant à glisser à la fois sur deux
talus différens, ce qui est un non sens mathématique

et physique. En fait, elle fera le choix de l'un ou de l'autre, et par conséquent un des deux mouvemens sera comme s'il n'était pas possible.

La valeur de p_0 se réduit, dans le cas d'une paroi verticale, à

$$p_0 = \frac{g\rho h^2 \sin^2\varphi}{2 \left[1 + \sin\varphi \sqrt{(\cot\varphi - f_0)(\cot\varphi - \cot\theta)} \right]^2}.$$

Lorsque $\varphi = \theta$, la poussée devient indépendante de f_0, en sorte que toutes les hypothèses qu'on a pu faire sur la valeur du frottement contre un parement vertical, quelque inexactes quelles soient, conduisent, dans le cas de la masse eu équilibre instable, à une valeur exacte de la poussée. Mais cet évanouissement de la constante f_0 est tout-à-fait particulier au cas d'un parement intérieur vertical.

De la poussée sur le ciel des galeries de mines. Une valeur particulière de p_0 qui mérite d'être mentionnée est celle qui donne la poussée sur une ligne de niveau. Dans ce cas $\alpha = -90°$. Si l est la distance d'un élément horizontal à la surface libre, la pression sur cet élément rapportée à l'unité de surface sera donnée par le système

$$\frac{dp_0}{dl} = g\rho l \frac{1 + f\cot V}{(\tan\theta + \cot V)\left[1 + ff_0 + (f - f_0)\cot V\right]},$$

$$\cot V = -\tan\varphi + \sqrt{(\tan\theta - \tan\varphi)\left[\frac{\operatorname{cosec}^2\varphi}{\cot\varphi - f_0} - \cot\varphi - \tan\varphi\right]}.$$

Ces formules donneront la pression sur le ciel d'une galerie de mines en bois, et quand la surface supérieure sera horizontale, on aura

$$\frac{dp_0}{dl} = \frac{g\rho h}{1 - f_0 \, \mathrm{tang} \, \varphi},$$

et par conséquent $\frac{dp_0}{dl} = g\rho h$,

parce que f_0 est alors nécessairement zéro (n^o **17**).

Si dans l'expression générale de p_0 en V, α, θ, vous donnez à f_0 la plus grande valeur qu'il puisse être permis de lui supposer savoir, cot φ, vous aurez une poussée qui ne répondra pas à un état réel et physique de la masse, parce que très probablement f_0 n'atteint cot φ que lorsque $\theta = \varphi$; mais vous aurez certainement une limite supérieure, qui sera

$$p_0 = \frac{g\rho l^2}{2} \sin \varphi \sin (\varphi - \alpha),$$

ce qui est la poussée véritable et effective quand $\theta = \varphi$, n^o **18**. Ainsi cette dernière formule peut être considérée soit comme due à la plus forte charge de fluide que le revêtement puisse être appelé à supporter, soit comme due à la plus grande fluidité qu'on puisse supposer à la masse.

23. Cette constante f_0 exprime en effet le degré de fluidité du remblai, et finalement elle passe au-dessous de zéro quand la poussée n'est plus que celle d'un coin solide. Lors donc que l'expérience donnera f_0 négatif, cela indiquera que le massif est tel qu'il s'y forme, en vertu de la cohésion des molécules et contre le revêtement, un premier prisme tout-à-fait solide, ainsi que l'a supposé Coulomb. La masse ne répond plus alors à un état bien défini, et le choix du prisme de plus grande poussée n'est, comme je l'ai dit, qu'une assimilation, c'est un état mixte où la demi-fluidité n'est supposée exister que dans quelques directions, dont on exclut celles qui avoisinent le revêtement. Mais une théorie mathèmatique ne peut être faite que sur une masse homogène, constituée d'une manière semblable, sinon égale, dans toutes ses parties, mais non pas fluide d'un côté et solide de l'autre. Ces deux états, dont l'un est mathématique et dont l'autre ne l'est pas, paraissent se vérifier, le premier dans le sable fin bien sec et bien égal, et le second dans les terres; on va en juger.

On peut la déduire de l'expérience.

On a fait sur la poussée des terres un assez bon nombre d'expériences; mais il me semble qu'il leur a manqué d'être dirigées par un peu plus de théorie. Sans doute que les observations doivent précéder les systèmes; mais une fois les premiers faits connus, le rôle de l'imagination commence; si ses déductions ne sont pas exactes, les faits subséquens le démontrent, ils les vérifient quand elles le sont. Entreprendre une longue suite d'observations sans un but et sans fil qui les lie, c'est s'exposer à tomber dans une abondance stérile. Telle est la nature de notre esprit, qu'il ne peut guère arriver à la vérité que par vérification, c'est-à-dire par les hypothèses et par l'erreur. Bien que cette manière de procéder soit sujette à l'inconvénient que trop souvent on a plié les faits à des opinions arrêtées d'avance, l'histoire des sciences fait voir que c'est la seule qui conduise à la découverte des lois du monde matériel.

L'appareil bien connu de Mayniel consiste à arc-bouter le côté mobile d'un coffre plein de terre contre un poids placé sur un chariot qui peut rouler sur une table ; à faire varier ce poids, qui n'est autre qu'une masse d'eau, en faisant écouler cette eau jusqu'à ce que le chariot entre en mouvement ; puis à mesurer la force qui, tirant la paroi mobile arcboutée d'un côté, mais libre de l'autre, produirait son mouvement. Cet appareil, qui est ingénieux et très sensible, n'est exact que lorsque l'on fait agir cette dernière force exactement comme la poussée, c'est-à-dire passant par le même point et ayant la même direction. Or on sait que la poussée, d'abord normale au revêtement, se compose avec le frottement qui a lieu contre la terre au moment où l'équilibre est rompu et donne une résultante oblique, inclinée sur la normale de $\frac{1}{2}$, par exemple, si le frottement des terres sur ce revêtement a pour coefficient $\frac{1}{2}$. En ne tenant pas compte de cette obliquité, Mayniel nous a tout-à-fait interdit de tirer aucun parti de ses expériences. Il nous semble d'ailleurs avoir mérité d'autres reproches.

En effet, il n'a pas pris soin d'écarter, autant que possible, cette multitude de variables qui entrent comme causes dans les résultats, et il a négligé d'opérer sur le demi-fluide le plus homogène, le plus sec, le plus mobile et le plus égal dans sa fluidité. Il n'a pas même pris le soin de constater à chaque fois le talus naturel des terres qu'il expérimentait, et l'hypothèse d'un maximum de frottement égal à 0,40 dans les terres, hypothèse qu'il a choisie, pour faire concorder ses expériences avec la théorie de Coulomb, a déjà paru inadmissible à d'autres qu'à nous.

Rondelet a fait deux expériences sur le sable fin bien sec ou le grès pulvérisé, ce sont les seules que je croie dignes de nous servir de bases. Il a d'abord trouvé que ce sable prenait un talus naturel de 55° 3o′ avec la verticale; il l'a placé dans une caisse de 16 $\frac{1}{2}$ pouces sur 12 de large et 17 $\frac{1}{4}$ de hauteur, et il a remarqué qu'il fallait une dalle de 3 pouces à 3 pouces $\frac{1}{4}$, *soit 3 pouces* $\frac{1}{8}$, pour résister à la poussée du sable sous la hauteur de 11 $\frac{1}{3}$ pouces.

Dans une seconde expérience il a trouvé qu'il fallait une dalle de 5 $\frac{1}{4}$ pouces quand la hauteur du sable égalait celle de la caisse.

La densité de la dalle est les $\frac{15}{13}$ de celle du sable.

Soit μ le facteur par lequel il faut multiplier la quantité $\frac{g\rho h^2}{2}$ pour obtenir la poussée produite dans ces expériences. Soit e l'épaisseur de la dalle, ρ' sa densité, h sa hauteur, ainsi que celle du sable.

Dans le renversement de la dalle il se produit un frottement contre le sable, frottement dont le coefficient peut être estimé égal à 0,4, sans craindre de se tromper de plus d'un dixième.

Le point d'application de la poussée est d'ailleurs au tiers de la dalle à partir de son pied, comme cela aura lieu pour toute poussée proportionnelle au quarré de h. On a donc l'équation

$$\frac{g\rho h^2\mu}{2}\left(\frac{h}{3}-0,4e\right)=\frac{g\rho' e^2 h}{2}\,;$$

d'où

$$\frac{1}{\mu}=\frac{\rho h\left(\dfrac{h}{3}-0,4e\right)}{\rho' e^2}.$$

La valeur théorique de $\frac{1}{\mu}$ est, d'après la valeur de p_0 du n° **22**,

$$\frac{1}{\mu} = \left[\frac{1 + \sin\varphi \; \sqrt{\cot\varphi \, (\cot\varphi - f_0)}}{\sin\varphi} \right]^2,$$

résolvant cette équation par rapport à f_0,

$$f_0 = \cot\varphi - \tan\varphi \left(\frac{1}{\sqrt{\mu}} - \frac{1}{\sin\varphi} \right)^2,$$

et remplaçant $\frac{1}{\mu}$ par sa première valeur, qui est celle à déduire de l'expérience,

$$f_0 = \cot\varphi - \tan\varphi \left[\frac{1}{e} \sqrt{\frac{\rho}{\rho'} \, h \left(\frac{h}{3} - 0,4e \right)} - \frac{1}{\sin\varphi} \right]^2.$$

Si vous appliquez cette formule aux deux expériences de Rondelet, en faisant pour la première $h = 0^m,307$, $e = 0^m,084$, et pour la seconde, $0^m,473$, $e = 0^m,135$ en même temps que $\cot\varphi = 0,687$, $\tan\varphi = 1,455$, $\frac{1}{\sin\varphi} = 1,213$, $\frac{\rho}{\rho'} = \frac{13}{15}$, vous trouverez

$$f_0 = 0,456,$$
$$f_0 = 0,555.$$

Ces deux résultats s'accordent assez pour mériter quelque confiance. Mais quand on passe à la troisième expérience faite par le même auteur, sur de la terre bien sèche et pulvérisée; cette terre formant un talus de $46°50'$ avec la verticale, ayant une densité égale aux trois-quarts de celle de la dalle et se soutenant à la hauteur de la caisse par la seule résis-

lance de 3 pouces de dalle, c'est-à-dire d'un revêtement dont l'épaisseur égalait à peu près un sixième
de la hauteur, on est conduit à une valeur de f_0 né-
gative et d'une grandeur numérique assez considérable, surtout si l'on porte l'angle φ jusqu'à 45°,
comme Rondelet dit l'avoir observé. Il faut en conclure que la terre, en vertu de la cohésion qui unit
ses molécules et de l'irrégularité de leurs formes,
agit quelquefois comme une masse non demi-fluide,
mais composée de parties solides et de parties demi-
fluides, état qu'il est impossible de soumettre au
calcul. Cependant toutes les expériences ne confir-
ment pas cette irrégularité, et il y a certainement
beaucoup de terres qui agissent comme le sable de
grès? ce qui le prouve, c'est que les épaisseurs déduites
de la théorie de Coulomb, en négligeant le frottement f_0, quoique supérieures au sixième de la hauteur, sont cependant jugées insuffisantes, et qu'il faut
multiplier, par un coefficient dit de stabilité, le moment de la poussée, avant de l'introduire dans l'équation d'équilibre, si l'on veut atteindre la stabilité
des escarpes de Vauban, même dépouillées de leurs
contreforts.

Les officiers du génie penseront avec moi que ce
sont les terres dans le plus grand état de fluidité
qu'il faut équilibrer, c'est-à-dire les sables fins, homo-
gènes et secs; les sables seuls présentent un état précis
et régulier, et par conséquent c'est à eux seulement
que le calcul est applicable; eux seuls aussi devront
être soumis aux expériences que l'on devra faire dans
le but de déterminer la constante f_0, parce que il n'y

a pas de loi à chercher dans une masse dont la constitution est tellement irrégulière qu'elle agit tantôt comme un solide, tantôt comme un demi-fluide.

Ces expériences auront pour but de trouver la fonction de φ, θ, α et h, qui représente f_0. Je joins h à ces variables, quoique théoriquement f_0 en soit indépendant, mais c'est par là évidemment qu'on tiendra compte de la compressibilité du sable.

L'appareil à employer est celui de Mayniel, en donnant à la corde chargée du poids qui doit remplacer identiquement la poussée et la mesurer, la direction même de cette poussée composée avec le frottement de la paroi mobile sur le sable.

Jusqu'à ce que cette série d'expériences ait été faite, nous n'oserions pas assigner une valeur à f_0 dans les formules, et il faudra s'en tenir aux limites qu'on déduit de l'équilibre de la masse indéfiniment élevée suivant le talus naturel. L'avantage que présente cette masse est précisément de n'exiger aucune donnée d'expérience, si ce n'est la densité et le talus naturel. Ainsi que je l'ai déjà dit, c'est à l'état théorique d'une incompressibilité parfaite qu'il faut la supposer; car pratiquement, s'il était possible de réaliser une charge infiniment haute, il est certain que, en vertu de la compressibilité du sable, f_0 n'y atteindrait pas cot φ.

Tout ce qui reste à craindre, c'est que les limites ainsi trouvées ne soient trop distantes de la vérité. On va voir que, surtout dans les constructions militaires, elles peuvent être admises par la pratique à laquelle elles enseigneront encore quelques économies à faire sur le profil de Vauban.

§ IV. *Applications à la stabilité des revêtemens.*

————

24. La conclusion du paragraphe précédent a été qu'à défaut d'observations précises et vu l'impossibité qu'il y aura peut-être de rien trouver de général sur les sables et les terres, il fallait chercher à s'affranchir de l'expérience en se tenant, si l'on peut s'exprimer ainsi, au-dessus d'elle ; la masse en équilibre instable s'offre naturellement pour remplir ce but.

Pour pouvoir mettre en équilibre, contre une pareille masse, un revêtement avec ou sans contreforts, plein ou en décharge, il suffit de savoir calculer la pression et le centre de pression sur une portion de droite située d'une manière quelconque dans le profil.

Soit d la longueur de la ligne, P la pression qu'elle supporte. Il résulte des formules du n° **18** que si elle a une de ses extrémités sur la surface libre, on a

$$(5) \qquad P = \frac{g\rho}{2} \sin \varphi \sin (\varphi - \epsilon) d^2,$$

formule où ϵ est l'angle que fait la ligne avec la

verticale, cet angle étant positif du côté de l'intérieur de la masse.

En prenant l'intégrale du moment de toutes les pressions élémentaires, on trouvera que la distance du centre de pression au talus naturel est $\frac{2}{3}d$, résultat indépendant de φ et par conséquent applicable aux fluides parfaits. Il semble que l'on devrait aussi l'étendre aux solides en faisant $f = \infty$; mais cette hypothèse ne permettant pas de prendre la variation de **P** par rapport à la longueur d, serait en opposition formelle avec les principes sur lesquels ce résultat est établi. On aurait donc tort si généralement on croyait pouvoir, appliquer les formules des demi-fluides aux solides, avec la seule supposition de $f = \infty$, et ceux-ci ne peuvent pas toujours être considérés comme de simples cas particuliers des premiers.

Si la portion de ligne d est noyée dans l'intérieur de la masse, que a soit la distance au talus extérieur de son point le plus éloigné de ce talus, b la distance du point le plus rapproché, ces distances étant mesurées sur le prolongement de la ligne d, on aura pour la pression

$$(6) \qquad P = \frac{g\rho}{2} \sin\varphi \sin(\varphi - \mathcal{E})(a^2 - b^2),$$

et pour la distance du centre de pression à l'extrémité la plus éloignée,

$$(7) \qquad a - \frac{2}{3}\frac{a^3 - b^3}{a^2 - b^2} = \frac{d(d + 3b)}{3(d + 2b)}.$$

Le moment de la pression, par rapport à cette extrémité la plus éloignée, sera

$$(8) \qquad \frac{g\rho}{6} \sin\varphi \sin(\varphi - \mathcal{E}) \, d^2 \, (d + 3b).$$

L'expression (C) du n° **18** donne pour la pression, sur un élément horizontal,

$$(9) \qquad \Pi = g\rho \sin^2\varphi \, \mathrm{H}.$$

H étant la hauteur de fluide qui charge perpendiculairement cet élément ; il ne serait donc pas exact de dire que chaque élément supporte le poids des terres situées au-dessus de lui. Quand le talus naturel est $\frac{1}{1}$, chaque élément ne supporte que la moitié de ce poids.

L'intégration de cette valeur de Π donne pour pression totale, exercée sur une portion finie d'horizontale, le poids du trapèze compris entre les deux verticales des extrémités de la ligne, multiplié par $\sin^2\varphi$, ou ce poids même en faisant porter l'altération sur la densité qui, au lieu de ρ, sera $\rho \sin^2\varphi$.

Du glissement.

25. Pour première application, je devrais chercher quelle épaisseur doit avoir un revêtement pour ne point glisser sur sa base ; mais cette recherche, si elle était nécessaire, pourrait se faire sans formule. Admettons en effet que le coefficient de frottement des maçonneries sur les terres soit égal à celui des terres sur elles-mêmes ; il suffit de faire en sorte que le poids du revêtement soit égal au poids du vide formé par lui et en avant de lui, dans la portion de la masse indéfinie qui s'élève au-dessus du plan horizontal de la base du revêtement ; car le but d'un mur de soutènement n'est que de remplacer le solide de terre qui soutiendrait le massif en en faisant un remblai à terres coulantes. Si la densité de la terre égalait celle de la maçonnerie, jamais un revêtement, noyé en entier ou ne conservant qu'une très petite berme, ne pourrait évidemment faire équilibre à la masse entière s'il n'avait pour talus extérieur le talus naturel lui-même. En tenant compte de la différence des densités et admettant une berme de $0^m,5o$, on peut s'assurer qu'il faudrait encore des épaisseurs très considérables à un revêtement dont le parement intérieur serait vertical et le parement extérieur peu incliné. Enfin, si vous supposez à la berme toute l'épaisseur du revêtement, et à celui-ci des paremens verticaux et une densité égale à une fois et demie celle de la terre, il y aura égalité entre l'épaisseur nécessaire pour que le glissement n'ait pas lieu et celle qui est exigée par la rotation, en négligeant le frottement du revêtement contre les terres.

Il résulte de là que donner de la stabilité à un revêtement, en le mettant à l'épreuve d'une charge infiniment élevée suivant le talus naturel, n'a de sens que dans l'hypothèse seule d'un mouvement de rotation, et en considérant le glissement comme impossible; mais on sait aussi qu'en général ce n'est pas par la masse d'un revêtement, c'est par la fondation que l'on s'oppose au glissement. Quand cette fondation ne serait que d'un demi-mètre, si elle a lieu dans un terrain qui ne soit pas glissant, mobile, ou entretenu dans un état permanent d'humidité, l'arcboutement contre une hauteur de terre d'un demi-mètre suffira pour que le glissement ne soit pas possible; mais si

le terrain est glissant et susceptible de céder en avan.
de la fondation, l'expérience démontre encore qu'il
ne faut pas augmenter le massif des revêtemens, mais
bien relier la maçonnerie avec le sol inférieur par
des pilots ayant beaucoup de queue, ou former en
avant d'elles un massif lié lui-même de cette manière
avec le sol, ou enfin arcbouter les fondations contre
des points fixes, par l'intermédiaire de contreforts
jetés en avant d'elles. Jamais, dans aucun cas, des
revêtemens ne seront placés sur le terrain sans aucune
fondation et de manière à représenter ce que supposent les calculs qu'on a faits quelquefois sur le glissement. Quant à la désunion entre le massif du revêtement et sa fondation, on ne doit pas plus la supposer
que celle de deux assises quelconques; mais il n'y a
pas de calcul possible si les murs ne sont pas tout
d'une pièce.

L'épaisseur d'un revêtement ne doit donc être réglée
que de manière à prévenir le renversement; c'est en
général par les fondations et quelquefois par des
moyens d'art que l'on prévient le glissement.

26. Soit en premier lieu les murs de quai ou de
contrescarpe. Ceux-là ne sont point destinés à être
recouverts en partie par les terres; par conséquent la
formule (D) du n° **20** leur est applicable quand
leur talus extérieur est vertical (fig. 8). Cette même
formule donne, dans l'hypothèse d'une densité
moyenne des terres et pour un talus naturel de 45°,
l'épaisseur égale à un tiers de la hauteur.

Ainsi, la règle qu'on suit assez ordinairement et
qui consiste à donner à un revêtement de quai le

tiers de sa hauteur pour épaisseur, revient à le mettre à l'épreuve d'une charge infiniment élevée suivant le talus naturel, cette charge ne commençant qu'à l'aplomb du parement intérieur, mais c'est en négligeant une circonstance capitale, je veux dire le frottement que le revêtement est obligé d'exercer sur les terres dans sa rotation autour de son arète extérieure. Soit ff le coefficient de ce frottement (*voyez* le n° **13**). L'équation d'équilibre d'un mur qui n'est point recouvert par le demi-fluide, deviendra

$$g\rho' \frac{e'h}{2} = \frac{g\rho}{2} \sin^a \varphi \, h^a \left(\frac{h}{3} - ffe \right);$$

d'où

$$e = h \sin \varphi \sqrt{\frac{\rho}{3\rho'}} \left(-\frac{ff \sin \varphi}{2} \sqrt{\frac{3}{\rho}} + \sqrt{1 + \frac{3\rho}{4\rho'} \sin^a \varphi \, ff^a} \right),$$

en développant le radical suivant les puissances de ff^a et négligeant la deuxième, ainsi que les suivantes,

$$e = h \sin \varphi \sqrt{\frac{\rho}{3\rho'}} \left(1 - \frac{ff \sin \varphi}{2} \sqrt{\frac{3\rho}{\rho'}} + \frac{3}{8} \frac{\rho}{\rho'} \sin^a \varphi \, ff^a \right).$$

Si l'on veut une règle générale, il faut qu'elle soit calculée dans des hypothèses défavorables. Je fais donc $\varphi = 54°$, $\frac{\rho}{\rho'} = \frac{3}{4}$ et $ff = \frac{1}{2}$, ce qui est certainement un minimum, car plus généralement $ff = 0,6$ ou $0,7$, il vient $e = 0,30\,h$.

Quand le talus extérieur sera incliné de façon que son pied soit égal à $\frac{1}{n}h$, $\frac{1}{n}$ étant égal à $\frac{1}{5}, \frac{1}{6}, \frac{1}{10}, \frac{1}{20}$, etc. Si l'on désigne par e_n l'épaisseur à la base, on trou-

Des transformations de revêtemens.

vera aisément, en négligeant la quantité ff

$$e_n = h \sqrt{\frac{\rho}{3\rho'} \sin^2 \varphi + \frac{1}{3n^2}},$$

appelons e_0 l'épaisseur calculée pour un parement extérieur vertical, nous aurons

$$e_n = \sqrt{e_0^2 + \frac{h^2}{3n^2}},$$

formule de transformation assez simple pour n'avoir pas besoin d'une méthode d'approximation. Elle se traduit ainsi : *La différence entre les carrés des épaisseurs à la base des deux revêtemens est égale au tiers de la différence des carrés des pieds donnés à leurs talus, quand on néglige le frottement du revê-tement contre les terres.* Mais il n'est pas permis de négliger le coefficient ff; en en tenant compte, on trouvera, par le même procédé que nous venons de suivre pour calculer e_0,

$$e_n = e_0 + \frac{h}{2n^2 \sin\varphi} \sqrt{\frac{\rho'}{3\rho}},$$

formule qui sera très approchée toutes les fois que n ne sera pas inférieur à 4 et même à 3.

27. Pour seconde application, choisissons le revê-tement à parement intérieur vertical, qui est recou-vert de terre sur son sommet, de manière qu'il ne reste qu'une berme de $0^m,50$, comme il est représenté dans la fig. 7 (*); appelons e l'épaisseur au sommet du

Des revête-mens d'escar-pes ; en partie recouverts par les terres.

____

(*) La figure 7 ayant été mal copiée par le lithographe, cet te berme de $0,50$ n'a pas été rendue sensible, comme nous le supposons dans le texte.

revêtement; l'étendue de la ligne horizontale recouverte de terre est $e - 0^m,50$ ou $e - \frac{1}{2}$, en supposant les lignes e et h exprimées en mètres et fractions du mètre. La hauteur de terre qui charge le point le plus intérieur de cette ligne horizontale est $\left(e - \frac{1}{2}\right) \cot \varphi$. Donc, d'après ce qu'on a dit à l'occasion de la formule (9), la pression sur le sommet du revêtement est

$$\frac{g\rho}{2} \sin^2 \varphi \left(e - \frac{1}{2}\right)^2 \cot\varphi = \frac{g\rho}{4} \sin 2\varphi \left(e - \frac{1}{2}\right)^2,$$

Le bras de levier de cette pression, par rapport à l'arête extérieure de rotation du revêtement, est

$$\frac{h}{n} + e - \frac{e - \frac{1}{2}}{3} = \frac{2}{3}\left(e + \frac{1}{4}\right) + \frac{h}{n}.$$

Donc, le moment exercé sur la tête du revêtement, pour concourir à sa stabilité, est

$$\frac{g\rho}{6} \sin 2\varphi \left(e - \frac{1}{2}\right)^2 \left(e + \frac{i}{4} + \frac{3h}{2n}\right),$$

par l'application de la formule (8), on trouve, pour le moment de toutes les pressions exercées sur la paroi verticale du revêtement,

$$\frac{g\rho}{6} \sin^2 \varphi \, h^2 \left[h + 3\left(e - \frac{1}{2}\right) \cot \varphi \right].$$

Au moyen de ces élémens de calcul, on trouvera l'équation d'équilibre qui suit :

5..

$$(10) \quad e^3 + 3\,De^2 + 3h\,Ee + F = 0.$$

$$D = \frac{\rho'}{\rho}\,\frac{h}{\sin 2\varphi} + \frac{h}{2n} - \frac{1}{4} + ff\,h,$$

$$E = \frac{2\rho'}{\rho}\,\frac{h}{n\sin 2\varphi} - \frac{1}{2n} - \frac{h}{2} + ff\left(\frac{h}{n} - \frac{1}{2} + \frac{h\,\tan\varphi}{2}\right),$$

$$F = \frac{1}{16} + \frac{3h}{8n} + \frac{3h^2}{4} - \frac{h^3\,\tan\varphi}{2}$$

$$+ \frac{2\rho'\,h^3}{\rho n^2 \sin 2\varphi} + \frac{3}{2}\,ff\,\frac{h^2}{n}\,(h\,\tan\varphi - 1),$$

où l'on se rappellera que les longueurs sont exprimées en mètres.

Si l'on veut se placer dans les circonstances du n° **20**, qui ont conduit à $e = \frac{h}{3}$, dans les hypothèses de $\varphi = 45°$, $\frac{\rho'}{\rho} = \frac{3}{2}$ et $ff = 0$; et si l'on résout le cas particulier $h = 10^m$, on trouvera $e = 4^m,85$; en négligeant le moment des terres qui chargent la tête du revêtement, on trouverait plus de 5 mètres. Ces résultats, comparés au tiers de la hauteur, qui est 3,33, démontrent l'influence qu'exerce sur l'épaisseur du revêtement la condition qu'il soit en presque totalité recouvert par les terres, et on le conçoit aisément ainsi, puisque l'on ajoute une charge de terre dont la hauteur égale presque toute l'épaisseur du revêtement.

Pour exemple, je choisirai encore : $h = 10^m$, $\varphi = 54°$, $n = 5$, $ff = \frac{1}{2}$, $\frac{\rho'}{\rho} = \frac{5}{4}$. L'équation (10) sera

$$e^3 + 3 \times 18,89\,e^2 + 30 \times 4,34\,e - 316 = 0;$$

d'où l'on tirera $e = 1^m,47$ pour l'épaisseur au sommet d'un revêtement sans contreforts, dont la hauteur est de 10 mètres, et qui supporte une charge de terre infiniment élevée suivant le talus naturel, les terres recouvrant le revêtement jusqu'à $0^m,50$ de la magistrale.

Si l'on suppose des données moins défavorables, comme $\varphi = 45°$ $\dfrac{\rho'}{\rho} = \dfrac{3}{2}$, on trouve

$$e^3 + 3 \times 20,75 \; e^2 + 30 \times 4,15 \; e - 169 = 0,$$

équation dont la racine est $e = 0^m,93$.

Ainsi, dans des circonstances plutôt défavorables qu'avantageuses, $4\frac{1}{2}$ pieds d'épaisseur au sommet d'un revêtement dont le talus extérieur est à $\dfrac{1}{5}$, suffisent pour le mettre à l'épreuve d'une charge de terre infiniment élevée. Il est très difficile d'apprécier ce que les contreforts ajoutent à cette stabilité, parce que l'expérience prouve qu'ils ne font pas corps avec le revêtement, de telle manière que dans le renversement de celui-ci ils ne puissent s'en séparer, et parce que le frottement contre leurs joues est impossible à calculer; mais on voit qu'ils sont tout-à-fait en sus de ce qui est nécessaire.

28. Je crois donc que l'épaisseur au sommet des revêtemens de Vauban peut être réduite de $\frac{1}{2}$ pied environ dans les circonstances ordinaires, à moins que 5 pieds ne soient le minimum absolu d'épaisseur qu'on doive opposer au canon, ce qui n'est pas généralement admis pour des murs adossés à des terres. L'épaisseur convenable doit se calculer dans chaque

cas particulier par les formules (10), où chaque variable peut avoir assez d'influence sur les résultats, pour
qu'il faille se garder d'en donner aucun comme
général.

Je dis que l'épaisseur ainsi trouvée, il n'est pas
nécessaire de lui rien ajouter, et que c'est donner à
un revêtement toute la stabilité désirable que de le
mettre à l'épreuve d'une charge de terre infiniment
élevée. En effet, lorsqu'on vient à remplacer une
portion du triangle à terres coulantes qui soutient un
massif, par de la maçonnerie élevée sous un talus
plus raide, ce qu'on doit désirer, c'est de laisser au
massif la même stabilité. Si l'expérience vous a démontré qu'un talus en terre incliné de 54° sur la verticale est à l'épreuve de toutes les surcharges, que
tel ouvrage peut être appelé à supporter sur son
terre-plein ; lorsque, pour réduire l'étendue de terrain
qu'il occupe, et pour augmenter les difficultés de
son escalade, vous substituerez de la maçonnerie
au triangle de terre, il faudra maintenir l'ouvrage
dans les mêmes circonstances de stabilité, et cela
suffira. A quoi bon augmenter une résistance que l'on
jugeait suffisante quand le revêtement était un solide
de terre ? En suivant cette règle, on donnera à tous
les ouvrages d'une place, revêtus ou non revêtus, le
même degré de stabilité.

C'est par cette méthode qu'il faut remplacer les coefficiens dont on fait usage, et qui n'ont été jusqu'à présent que des coefficiens de corrections, des moyens
assez défectueux de pallier les imperfections d'une
théorie. Ils supposent, en effet, une proportionnalité

qui n'existe que rarement, et en se rapprochant de ce que font les physiciens, il vaudrait mieux faire tomber la correction sur des constantes à trouver par l'expérience. Mais on évite la détermination difficile de ces constantes, en se plaçant dans l'hypothèse d'un demi-fluide incompressible et porté jusqu'à sa surface d'équilibre instable. Il n'y a plus alors à observer que l'angle φ et le rapport $\frac{\rho'}{\rho}$, ce qui n'est pas difficile. La première de ces deux quantités, pour être trouvée exactement, exigerait qu'on mesurât le talus naturel des terres ou des sables sous une très grande hauteur; car, plus les hauteurs qui serviront à l'expérience seront faibles, plus la cohésion, qui n'est jamais nulle, aura d'influence et altérera l'inclinaison du talus. Mais il sera mieux de ne pas négliger tout-à-fait cette cause de stabilité et d'en tenir légèrement compte, en prenant pour φ l'angle sous lequel les terres se soutiennent, quand, nouvellement remblayées, elles ont la hauteur de l'ouvrage qu'on veut construire, cette hauteur étant mesurée depuis le fond du fossé jusqu'à la crête extérieure. Il y a certainement des cas où l'on peut compter la cohésion pour plus encore, c'est quand elle est forte et qu'il n'y a aucune raison pour que, par la suite, elle vienne à être altérée; alors, l'expérience locale, mieux que les calculs, peut guider dans les économies à faire.

29. L'influence bien démontrée de la hauteur des terres qui s'élèvent au-dessus du parement intérieur d'un revêtement en recouvrant une partie de son épaisseur, montre bien que pour faire ce qu'on appelle

une transformation de revêtement, on se tromperait
étrangement si l'on se contentait de rendre égaux les
momens des revêtemens comparés. L'influence plus
grande encore du frottement que la maçonnerie exerce
contre les terres dans son mouvement de rotation,
empêche qu'on fasse de pareilles transformations, et
l'on ne saurait éviter l'équation du 3ᵉ degré (10), à
laquelle on donnera plus de généralité quand on subs-
tituera une berme quelconque à la berme de 0ᵐ,50.

30. Les formules du n° **24** suffiraient pour mettre
à même de calculer un revêtement en décharge, en
prenant pour inconnue la profondeur des berceaux.
Mais il faut admettre que le revêtement tournera tout
d'une pièce sans se disjoindre, et c'est ce qui paraît
difficile; ou tomber dans la nécessité de tenir compte
de la ténacité des maçonneries. L'appréciation de cette
ténacité change tout-à-fait la question de nature, et,
par là, peut-être cette question échappe-t-elle complétement à l'analyse mathématique.

31. C'est encore par de semblables calculs et par
quelques hypothèses faites sur e qu'on mettra en
équilibre un revêtement plein avec talus intérieur
et extérieur. Dans ce cas, représenté fig. 9, ce ne
sera que par un tâtonnement qu'on arrivera à l'épaisseur e et l'inclinaison m du talus intérieur sur la verticale, qui rendent la surface du profil un minimum.
A la vérité, on peut aisément poser les deux équations qui détermineraient e et m (*voyez* la note **A**).
Mais l'élimination de e, entre ces deux équations,
serait très laborieuse et ne conduirait qu'à une équation d'un degré très élevé en m, laquelle ne se résou-

drait que par des essais. Il vaudra donc mieux, si jamais cette question acquiert quelque utilité, faire les essais de suite et sans équation intermédiaire.

En général, il faut se rendre les formules du n° **24** familières, les appliquer de suite numériquement, et ne point chercher à poser des équations générales et renfermant d'autres quantités littérales qu'une seule inconnue.

On s'aidera avec avantage d'une figure tracée exactement.

Il reste maintenant à trouver les formules de répartition des frottemens et des pressions dans un remblai de forme quelconque, reposant sur un sol dont la résistance est indéfinie, et appuyé contre une paroi rectiligne dont la résistance est limitée. Ce problème paraît excessivement difficile, et tout porte à croire qu'on ne peut le résoudre que par des essais faits sur la forme de la fonction qui représente le frottement, en l'assujétissant à devenir $\cot \varphi$ sur la direction où elle est un maximum. Si, en effet, cette

fonction était connue (n° **19**), la pression serait
donnée par l'intégration de deux équations linéaires
du premier degré; mais que l'on juge de la complication de cette fonction, par ce qu'elle est dans le cas
le plus simple de tous, où le remblai est triangulaire
et le frottement indépendant des coordonnées de la
molécule.

Note **A.**

Des revêtemens et des digues de moindre profil.

———

Je vais étudier dans cette note le cas le plus général des revêtemens pleins qui ont un talus extérieur donné, c'est-à-dire le cas où le talus intérieur est une courbe quelconque, comprise entre deux horizontales.

Soit, fig. 10, ABCD ce revêtement, soit la berme $BE = b$, la hauteur $OE = h$, $\dfrac{1}{n}$ le talus extérieur ; prenons pour axe des y l'axe OE vertical, l'axe horizontal OX sera celui des x.

Le moment du revêtement autour du point A se composera du moment de ABEO et du moment de CEOD ; le premier est

$$g\rho' \left[bh \left(\frac{b}{2} + \frac{h}{n} \right) + \frac{h^3}{3n^2} \right].$$

Le second moment se déduit d'une intégration. Soit $x = f(y)$ l'équation de la courbe CD, y étant ici la variable indépendante. Soit l'élément $mm'n'n$ dont le poids est $g\rho' dx dy$; le moment de ce poids est $g\rho' \left(x + b + \dfrac{h}{n} \right) dx dy$, et le moment de toute une tranche horizontale, comprise entre la courbe et l'axe vertical, est

$$g\rho' dy \int_0^x \left(x + b + \frac{h}{n}\right) dx = g\rho' \left[\frac{x^2}{2} + \left(b + \frac{h}{n}\right)x\right] dy.$$

La somme des momens de toutes les tranches, comprises entre les deux horizontales BC et AD, sera

$$g\rho' \int_0^h \left[\frac{x^2}{2} + \left(b + \frac{h}{n}\right)x\right] dy.$$

Enfin, si vous désignez la longueur BC par e, le moment des terres qui pressera sur BC sera (*voyez* le § IV)

$$g\rho \sin \varphi \, \frac{e^2}{2} \cos\varphi \left(b + \frac{h}{n} + \frac{2e}{3}\right) = \frac{g\rho}{4} \cos 2\varphi \left(b + \frac{h}{n} + \frac{2e}{3}\right)e^2.$$

Voilà les momens des résistances. Voyons celui des forces qui tendent à renverser le revêtement, c'est-à-dire celui des pressions sur la courbe. Considérez le point r et l'élément de la courbe en ce point. La pression qu'il supporte est, en abaissant la perpendiculaire rp sur le talus naturel,

$$g\rho \sin\varphi \, \overline{rp};$$

mais
$$\overline{rp} = \overline{rq} \cos\varphi,$$

$$\overline{rq} = \overline{rs} + \overline{qs},$$

$$\overline{rs} = x \quad \text{et} \quad \overline{qs} = \text{ES tang } \overline{q\,\text{ES}} = (h - y) \text{ tang } \varphi;$$

donc,
$$rp = \cos\varphi\,[x + (h - y)\text{ tang }\varphi];$$

donc la pression en r est

$$g\rho \sin\varphi \cos\varphi\,[x + (h - y)\text{ tang }\varphi].$$

Si l'on désigne $\dfrac{dx}{dy}$ par p, on reconnaîtra aisément que le moment de la composante verticale de la pression est égal au produit de cette pression par $-\dfrac{\left(b+\dfrac{h}{n}+x\right)p}{\sqrt{1+p^2}}$, et que le moment de la composante horizontale est égal au produit de cette pression par $\sqrt{\dfrac{y}{1+p^2}}$. La différence de ces deux momens est

$$g p \sin\varphi \cos\varphi \frac{\left[x+(h-y)\,\operatorname{tang}\varphi\right]\left[y+\left(b+\dfrac{h}{n}+x\right)p\right]}{\sqrt{1+p^2}}.$$

Tel est le moment de la pression en r; il faudra l'intégrer par rapport à y, de o jusqu'à h. Alors l'équation d'équilibre sera, en divisant tout par $g p'$,

$$bh\left(\frac{b}{2}+\frac{h}{n}\right)+\frac{h^3}{3n^2}+\frac{\rho}{\rho'}\,\frac{\sin 2\varphi}{4}\left(\frac{2e}{3}+b+\frac{h}{n}\right)e^2$$

$$=\sin\varphi\cos\varphi\,\frac{\rho}{\rho'}\int_a^h \frac{\left[x+(h-y)\,\operatorname{tang}\varphi\right]\left[y+\left(b+\dfrac{h}{n}+x\right)p\right]dy}{\sqrt{1+p^2}}$$

$$-\int_o^h\left[\frac{x^2}{2}+\left(b+\frac{h}{n}\right)x\right]dy.$$

Telle est l'équation qui doit servir à établir l'équilibre des revêtemens, digues ou batardeaux. Elle appartient, en effet, aux fluides parfaits par l'hypothèse : $b=o$, $\varphi=90°$. Pour que le problème soit déterminé, il faut que la courbe soit de nature à l'être elle-même par la seule condition de passer par un point connu, en d'autres termes que son équation ne renferme qu'une seule constante arbitraire. Alors, prenant c pour inconnue, on effectuera les intégrations, puis on résoudra l'équation en c qui en résultera.

Quelle est de toutes les courbes qu'on peut tracer entre les deux horizontales BC et AD, celle qui, satisfaisant à l'équibre, donnera le moins de surface au profil? C'est celle qui, en même temps qu'elle satisfera à cette équation, rendra aussi l'intégrale $\int_0^h x\,dy$ un minimum.

On sait que a étant une constante indéterminée, on trouvera la courbe qui donne ce minimum relatif en cherchant le minimum absolu de l'intégrale $\int_0^h V\,dx$, dans laquelle

$$V = ax + \sin\varphi\,\frac{\rho}{\rho'}\,\frac{[x\cos\varphi + (h-y)\sin\varphi]\left[y + (b + \frac{h}{n} + x)p\right]}{\sqrt{1+p^2}} - \frac{x^2}{2} - \left(b + \frac{h}{n}\right)x.$$

On sait aussi que la fonction cherchée $x = f(y)$ doit satisfaire à l'équation

$$\frac{d(V)}{dx} = d\cdot\frac{\dfrac{d(V)}{dp}}{dy},$$

les parenthèses indiquent que les dérivées sont prises partiellement dans $\dfrac{d(V)}{dx}$ et dans $\dfrac{d\cdot(V)}{dp}$.

Jusqu'ici, la plupart des exemples que l'on a donnés de la méthode des variations sont tels, que l'une des deux dérivées partielles $\dfrac{d(V)}{dy}$ ou $\dfrac{d(V)}{dx}$ est nulle, alors on a tout de suite une première intégrale qui donne immédiatement l'équation différentielle de la courbe cherchée; mais ici cette condition n'est satisfaite dans aucun cas. Il en résulte que l'équation entre x, y $\dfrac{dx}{dy}$ $\dfrac{d^2x}{dy^2}$, est excessivement compliquée. Le lecteur en jugera en essayant de traiter le cas le plus simple de tous, celui d'une digue en maçonnerie dont le parement extérieur est vertical et dont on voudrait trouver la meilleure courbure du côté du liquide. On a alors

$$V = ax - \frac{x^2}{2} + \frac{p}{p'} \frac{(h-y)\,(y+px)}{\sqrt{1+p^2}}.$$

Mais l'équation finale en p et $\dfrac{dp}{dx}$ est inabordable à cause de sa complication, en sorte que ce problème, plus curieux qu'utile, paraît insoluble, jusqu'à ce qu'on ait fait un choix plus heureux d'inconnue.

———

Note B.

Je m'attends à quelques objections sur le sens que j'ai donné au frottement du fluide contre le revêtement ou plutôt contre la première tranche verticale du fluide, laquelle je suppose faire corps avec le revêtement, ce qui ne peut déranger un équilibre existant. Et d'abord je demanderai à ceux qui ne veulent rien entendre de ce qui contrarie les hypothèses de Coulomb, dans quel sens a lieu le frottement d'une masse de terre abandonnée à son talus naturel, sur le plan qui la soutient? Est-ce que un prisme, tracé dans cette masse et à son pied, ne tend pas à être poussé en avant? Maintenant, relevez en paroi latérale une partie du plan de la base et faites passer cette paroi par toutes les inclinaisons jusqu'à la verticale et au-delà de la verticale, et dites-nous à quel instant le frottement changera de signe pour devenir ce que Coulomb a supposé qu'il était toujours, c'est-à-dire une force tirant en sens inverse de la pesanteur?

La tendance de chaque tranche prismatique à être soulevée, peut être conçue de deux manières : soit seulement par rapport à la tranche supérieure qui tend à s'abaisser en tombant et glissant sur elle ; soit d'une manière absolue, c'est-à-dire par rapport à un objet fixe. Il ne faut pas dire que ce soulèvement absolu ne peut être le mouvement virtuel de la tranche, qu'autant que le frottement change aussi de signe sur la face qui s'appuie aux terres. La tranche peut tendre à monter sur un des plans inclinés qui la contiennent et à tomber sur l'autre ; l'exemple que je viens de citer tout-à-l'heure le prouve. Il faut considérer que la face qui s'appuie à la masse entière du fluide est accompagnée dans son mouvement par cette masse même ; autrement il n'y aurait point de mouvement, car la puissance, qui est la poussée, cesserait d'être en contact avec le mobile. Eh bien ! dans ce contact obligé et prolongé, le frottement a pour effet de diminuer la pression sur le revêtement.

Je rappelle encore que l'équilibre d'une masse de terre doit être bien distingué de l'équilibre de son revêtement : ce sont deux masses de nature différente, à la jonction desquelles il se passe quelque chose que je ne puis pas analyser ; mais ce qu'il y a d'incontestable, c'est que la pression du demi-fluide contre la tranche intermédiaire doit être calculée comme l'on calcule la pression de l'eau contre une paroi ; en admettant soit que cette paroi est inébranlable, soit plutôt qu'elle ne peut céder qu'à la fois dans tous ses points. Et quant au revêtement, il est également incontestable que le frottement qu'il exerce contre le fluide en tournant, frottement analogue à celui d'un bateau contre l'eau à la surface de laquelle il se meut ; que ce frottement, dis-je, tend à ralentir le mouvement du revêtement ou à l'empêcher avant qu'il n'ait commencé.

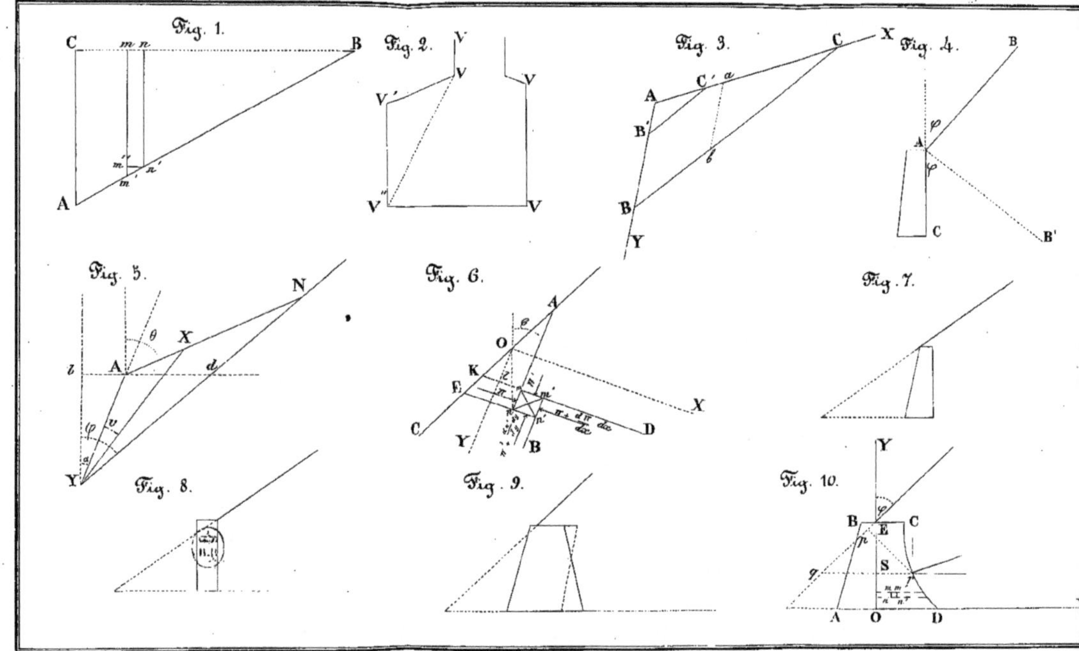

Fig. 1.
Fig. 2.
Fig. 3.
Fig. 4.
Fig. 5.
Fig. 6.
Fig. 7.
Fig. 8.
Fig. 9.
Fig. 10.